小型犬から大型犬まで
ぴったりサイズで作れる

うちの犬の服 + 小物

金子俊雄

Contents

タンクトップ Tank top

A タンクトップ P.4　**B** ギャザーワンピース P.6　**C** チュールワンピース P.7　**D** 前あきタンクトップ P.8　**E** フードつきタンクトップ P.9　**F** セーラータンクトップ P.10　**G** キャップスリーブタンクトップ P.12

Tシャツ T-shirt

H Tシャツ P.14　**I** ハイネックTシャツ P.15　**J** デニムパンツつきTシャツ P.16　**K** デニムスカートつきTシャツ P.16

シャツ Shirt

L ボタンダウンシャツ P.18　**M** アロハシャツ P.20

- サイズの測り方　P.36
- モデル犬とサイズ　P.37
- 型紙のサイズ補正　P.39
- レッスン 1　タンクトップ　P.42
- レッスン 2　ボタンダウンシャツ　P.46
- How to make　P.52

この本に関するご質問はお電話またはWebで
書名 ●うちの犬の服+小物　本のコード ●NV70519　担当 ●加藤みゆ紀
Tel:03-3383-0765(平日13:00～17:00受付)
Webサイト「手づくりタウン」　https://www.tezukuritown.com/
※サイト内"お問い合わせ"からお入りください。(終日受付)

本誌に掲載の作品を、複製して販売(店頭、ネットオークション等)することは禁止されています。手づくりを楽しむためにのみご利用ください。

コート *Coat*

N
おでかけコート
P.22

O
キルティング
コート
P.24

P
ピーコート
P.26

Q
ケープ
P.28

R
ちゃんちゃんこ
P.29

S
レインコート
P.30

T
プリーツワンピ
コート
P.31

小もの *Goods*

U,V
つけ衿
P.32

W
バンダナ
P.33

X
カフェマット
P.34

Y
たれ耳帽子
P.35

Z
マナーポーチ
P.35

本書に掲載のサイズについて 　洋服は小型犬〜大型犬まで14サイズ、ケープや帽子などの小物は、5サイズ、または3サイズの展開になっています。P.36に掲載のヌード寸法を確認して、近いサイズをお選びください。
※ミニチュアダックス用の短い袖丈やパンツ丈の型紙は掲載がないため、P.39を参照して寸法を補正してください。

- **●小型犬（XXS／XS／S／M／L／XL）** ▶ 小さいわんちゃんからがっちりした大きめの小型犬まで対応。
  目安となる犬種・・・チワワ、ヨークシャーテリア、トイプードル（小）、マルチーズ、ポメラニアン、ミニチュアシュナウザー、シーズー、パグ、フレンチブルドッグなど。
- **●小型犬・ロング丈（TS／TM／TL／TXL）** ▶ 背丈の長い小型犬に対応。細長い体型におすすめ。
  目安となる犬種・・・トイプードル、ミニチュアシュナウザー、ミニチュアダックス、シーズー、ボストンテリアなど。
- **●中型犬（SM／SL）** ▶ 大きめの小型犬〜中型犬に対応。柴犬を基準に型紙を作っているので、首が太く尻尾が巻き上がっている犬種もバランスよく着ていただけます。
  目安となる犬種・・・柴犬、コーギーなど。
- **●大型犬（RM／RL）** ▶ 大型犬に対応。
  目安となる犬種・・・ラブラドールレトリバー、ゴールデンレトリバーなど。

タンクトップ
Tank top

Basic

A タンクトップ

犬服の基本の形です。
ニットテープで始末をしながら
腹身頃と背身頃を縫い合わせるだけだからかんたん。
Lesson P.42

提供：生地 Daily フレンチニットボーダーカラー／オカダヤ新宿本店、ふちどりニットテープ／キャプテン

Tank top

かぶせて
着せる洋服は、
必ず伸縮性が
あるニット地を
使いましょう。
動きやすい洋服が
でき上がります。

着用サイズ
TMサイズ

モデル
コハクちゃん
ランくん

With skirt

B ギャザーワンピース

P.4のタンクトップの型紙をアレンジ。
切り替えを入れてスカートをプラスすれば、かわいいワンピースに。
How to make P.57

着用サイズ
Sサイズ

モデル
いちごちゃん、ティアラくん

提供：ミニ裏毛 m・dot／slowboat、ソフトチュール15D／オカダヤ新宿本店、ふちどりニットテープ／キャプテン

With skirt

C チュールワンピース

スカート部分をチュールに替えれば、愛らしさがアップ。
長方形にカットしたチュールにギャザーを寄せるだけのかんたん仕立てです。

How to make P.59

着用サイズ
TMサイズ

モデル
ノアちゃん

Open front

D 前あきタンクトップ

腹身頃にあきがあるので、着脱のしやすいデザイン。
あたたかみのある赤のブロックチェックで作りました。

How to make P.60

着用サイズ
TMサイズ

モデル
ぺぺくん

提供：ジャガードニット・40／スパンテレコ／ねこの隠れ家

With hood

E フードつきタンクトップ

前あきタンクトップをアレンジして、フードをプラス。
背中にはポケットをつけてカジュアルに。
How to make P.62

着用サイズ
RLサイズ

モデル
巴瑠ちゃん

提供：TOP杢 ストレッチ裏毛・スパンフライス／SMILE、ステッチピケボーダー／slowboat

Sailor collar

F セーラータンクトップ

前あきタンクトップをセーラーカラーにアレンジ。
ボーダーニットを合わせれば、人気の爽やかマリンスタイル。
How to make P.64

セーラーカラーは
バックスタイルの
かわいさ抜群！

着用サイズ
Mサイズ

モデル
チロくん

Cap sleeve

G キャップスリーブタンクトップ

袖山にかわいらしくギャザーを寄せたキャップスリーブ。
袖、ポケット、ふちどりは無地を合わせてアクセントに。
How to make P.66

暑い日は
背中のポケットに
保冷剤を入れてもOK。

着用サイズ
SMサイズ

モデル
彩葉ちゃん

提供：猫足接結 リネットサックス／SMILE、ポリエステル／レーヨン天竺＜12779b＞／布地のお店 ソールパーノ

Tシャツ
T-shirt

Basic

H Tシャツ

定番のTシャツで
衿ぐりや袖口のリブのつけ方をマスター。
シンプルだから、ボーダーや花柄など
いろんな柄で楽しめる1枚です。

How to make P.68

着用サイズ
Lサイズ

モデル
クッキーちゃん

提供:リバーシブルジャガードニット生地　ヘリンボン柄／maffon

High - necked

I ハイネックTシャツ

まるでセーターのように見える、
アラン模様風のニット生地を使っています。
寒い冬のお散歩用にもおすすめ。

How to make P.69

着用サイズ
TLサイズ

モデル
ロッキーくん

提供：縄編みアラン・40／スパンフライス／SMILE

Jeans and denim skirt

J,K デニムパンツ&スカートつきTシャツ

Tシャツの裾にパンツとスカートを縫いつけた、ズレ知らずの優秀アイテム！
男女色違いのペアで、おそろいコーデを楽しんで。

How to make P.70（Jスカート）、P.72（Kパンツ）

しっぽの動きをさまたげず、
かっこよく見えるように
こだわった型紙。
パンツは必ずストレッチ or
ニット地で作りましょう。

ボトムス部分のヨークと
ポケットなどには、
ていねいにステッチを
ほどこして。

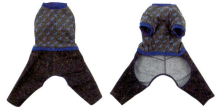

着用サイズ

パンツ／TXLサイズ
スカート／Mサイズ

モデル

パンツ／足袋くん
スカート／心ちゃん

提供：リバーシブルジャガードニット生地　テリア柄／maffon、9オンス くったりスーパーストレッチデニム／APUHOUSE、
20sスパンテレコ＜11662-1＞＜11662-2＞／布地のお店 ソールパーノ

シャツ
Shirt

Button-down shirt

L ボタンダウンシャツ

うちの犬のために作りたい本格的なカジュアルシャツ。
縫いやすいように、肩や脇の縫い目線位置にこだわりました。

Lesson P.46

提供：先染60／オックスギンガム＜35081＞／布地のお店 ソールパーノ

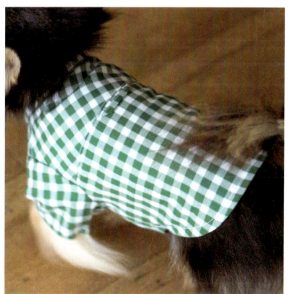

伸びのない布帛生地でも着脱しやすいように、
前あきは面ファスナー仕様。

着用サイズ

着用サイズ：XXSサイズ

モデル

ロイくん

Aloha shirt

M アロハシャツ

ボタンダウンシャツの身頃と衿をアレンジしてオープンカラーに。
リゾートのおでかけにもぴったりのアイテムです。

How to make P.74

背面にはポケットをつけて
おしゃれポイントに。

着用サイズ
TMサイズ

モデル
ぺぺくん

提供：コットン生地＜Charming - flamingo＞／デコレクションズ

コート
Coat

Special coat

N おでかけコート

首元とお腹を面ファスナーで固定するから、着脱かんたんなコート。
立体的に縫うところがなく、初心者さんでも縫いやすいデザインです。

How to make P.76

着用サイズ
Mサイズ

モデル
チロくん

提供：ムックボア＜43812＞・100/2ブロード＜12085＞／布地のお店 ソールパーノ

Quilting coat

O キルティングコート

P.22のおでかけコートの衿をアレンジして、ポケットをプラス。
ナイロンキルト生地を使っているので、丈夫で軽量なコートです。
How to make P.78

着用サイズ
左…SMサイズ
右…TXLサイズ

モデル
左…ルークくん
右…ジェットくん

キルト生地は
保温性ばつぐんなので
冬のおでかけにぴったり。

Pea coat

P ピーコート

肌触りのいいフリース生地で作る、きちんとデザインの本格コート。
前あきは面ファスナー仕様で、飾りボタンをつけています。

How to make P.80

背面にはポケットの
飾りフラップをプラス。

必ずフリースか
ニット地で作りましょう。

着用サイズ
TXLサイズ

モデル
足袋くん

Cape

Q ケープ

ふわふわのオーガニックファーを
使った愛らしいケープ。
毛糸で作ったポンポンをあしらいました。

How to make P.82

着用サイズ
XSサイズ

モデル
心ちゃん、ノアちゃん

Japanese vest

R ちゃんちゃんこ

表地と裏地の間にキルト芯を挟んでいるのでふかふか。
ほっこりとあたたかく冬を過ごせます。
How to make P.88

着用サイズ
Lサイズ

モデル
フクくん

提供：雪柄キルトジャガードニット／hinodeya、100/2ブロード<12085>／布地のお店 ソールパーノ

Raincoat

S レインコート

リードをつけたままフードがかぶれるように、首元にリード穴をつけました。
フードとボディには反射テープを縫いつけたので夜のお散歩も安心です。

How to make P.86

着用サイズ
RLサイズ

モデル
巴瑠ちゃん

提供：ナイロン生地 クーパー／オカダヤ新宿本店、撥水ナイロンバイアステープ・反射テープ／キャプテン

Pleated skirt

T プリーツワンピコート

P.22のおでかけコートに切り替えを入れて
プリーツスカートをプラス。
タータンチェックが制服っぽくてキュート。

How to make P.84

着用サイズ
XXSサイズ

モデル
ティナちゃん

提供：コットンツイル・T/Rタータンチェック／ノムラテーラー

小もの
Goods

Collar

U,V つけ衿

かしこまった場所のおでかけにもおすすめのつけ衿。
男の子用には蝶ネクタイ、女の子用にはフリルつき。

How to make P.90

着用サイズ
U 蝶ネクタイ…XSサイズ、V フリル…Mサイズ

モデル
足袋くん、未来ちゃん

Bandana

W バンダナ

気軽に作ってつけられるのが嬉しいバンダナ。
プレゼントにもおすすめです。
表裏の布を変えてリバーシブルにしても。

How to make P.92

リバーシブル

着用サイズ
Mサイズ、Sサイズ

モデル
彩葉ちゃん
元気くん
コハクちゃん
フクくん

提供：リバティプリント＜Eloise＞（エロイーズ）／メルシー

Mat

X カフェマット

お気に入りのかわいい生地をつないだカフェマット。お出かけ先で床に敷いて、安心スペースに。
How to make P.94

Cap

Y たれ耳帽子

とにかくかわいい
ポンポンつきのたれ耳帽子。
冬のお散歩の
主役になっちゃいましょう。
How to make P.93

着用サイズ
XXSサイズ

モデル
ロイくん

必ずニット地で作りましょう。

Deodrant pouch

Z マナーポーチ

消臭効果のある不織布と、
密閉性の高いラミネート生地で作った
マナーポーチはお散歩の必須アイテム。
How to make P.95

サイズの測り方 about Size

ヌードサイズを測って、ぴったりサイズを決めましょう。
使用するサイズは、型紙の補正がかんたんなので胸まわりの寸法が近いものを選びます。
その次に首まわりと着丈を確認して、必要に応じて補正しましょう。

ヌードサイズ

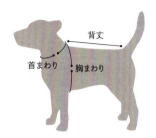

できあがりサイズ

首まわり、胸まわりを計測する際、メジャーをぎゅっと締め付けないよう計測してください。毛足の長い子は押さえすぎないように注意。

- **首まわり**：首輪の位置を基準にして首のつけ根まわり
- **胸まわり**：前足後ろ側の一番太い部分から首のつけ根を通った一周
- **背丈**：首のつけ根（首輪の位置）から尾のつけ根まで

デザインによって分量がかわりますが、動きやすいように、型紙には首まわり・胸まわりに「ヌードサイズ＋数 cm」のゆとりが入っています。

- **首まわり**：リブの下側をぐるり一周
- **胸まわり**：アーム下をぐるり一周
- **着丈**：背身頃のリブを含んだ丈

本書のヌードサイズ
※数字の単位はcm ※( )の中は着用できる目安サイズ

小型犬

サイズ	首まわり	胸まわり	背丈	体重
XXS	20(18-22)	30(28-32)	24	〜2.5kg
XS	23(21-25)	35(33-37)	26	〜3.5kg
S	26(24-28)	40(38-43)	28	〜5kg
M	29(27-31)	45(43-48)	30	〜7kg

大きめ小型犬

サイズ	首まわり	胸まわり	背丈	体重
L	34(32-36)	50(48-53)	33	〜10kg
XL	38(36-40)	55(53-58)	35	〜13kg

小型犬・ロング丈

サイズ	首まわり	胸まわり	背丈	体重
TS	22(20-24)	36(34-38)	32	〜4.5kg
TM	25(23-27)	40(37-43)	35	〜6kg
TL	28(26-30)	44(41-47)	37	〜7kg
TXL	31(29-33)	49(46-52)	39	〜9kg

中型犬

サイズ	首まわり	胸まわり	背丈	体重
SM	36(34-38)	55(52-58)	40	〜12kg
SL	39(37-41)	60(57-63)	44	〜15kg

大型犬

サイズ	首まわり	胸まわり	背丈	体重
RM	45(42-48)	74(70-77)	59	〜29kg
RL	50(47-53)	82(78-85)	63	〜35kg

モデル犬とサイズ
about Size

本書で洋服を着用したモデル犬とそのサイズです。サイズ選びの参考に。

小型犬サイズ着用 ▷▷▷

名前：ロイくん
犬種：チワワ
首まわり：16
胸まわり：30
背丈：23
体重：1.6kg
着用サイズ：XXS

名前：ティナちゃん
犬種：ヨークシャーテリア
首まわり：17
胸まわり：31
背丈：27
体重：2.5kg
着用サイズ：XXS

名前：ティアラくん
犬種：チワワ
首まわり：24
胸まわり：41
背丈：28
体重：3.1kg
着用サイズ：S

名前：いちごちゃん
犬種：マルチーズ
首まわり：26
胸まわり：40
背丈：29
体重：4.1kg
着用サイズ：S

名前：チロくん
犬種：ポメラニアン
首まわり：25
胸まわり：45
背丈：34
体重：4.9kg
着用サイズ：M

名前：心ちゃん
犬種：ミニチュアシュナウザー
首まわり：26
胸まわり：45
背丈：32
体重：5.5kg
着用サイズ：M

大きめ小型犬サイズ着用 ▷▷▷

名前：クッキーちゃん
犬種：フレンチブルドッグ
首まわり：36
胸まわり：53
背丈：33
体重：8.7kg
着用サイズ：L

名前：フクくん
犬種：パグ
首まわり：35
胸まわり：52
背丈：35
体重：9kg
着用サイズ：L

小型犬・ロング丈サイズ着用 ▷▷▷

名前：コハクちゃん
犬種：ミニチュアダックス
首まわり：29
胸まわり：40
背丈：36
体重：4.7kg
着用サイズ：TM

名前：ノアちゃん
犬種：トイプードル
首まわり：19
胸まわり：39
背丈：35
体重：3.8kg
着用サイズ：TM

名前：ランくん
犬種：ワイヤーダックス
首まわり：25
胸まわり：40
背丈：33
体重：4.9kg
着用サイズ：TM

名前：ペペくん
犬種：シーズー
首まわり：27
胸まわり：41
背丈：33
体重：4.8kg
着用サイズ：TM

名前：ロッキーくん
犬種：トイプードル
首まわり：26
胸まわり：43
背丈：40
体重：5.5kg
着用サイズ：TL

名前：足袋くん
犬種：ミニチュアシュナウザー
首まわり：29
胸まわり：52
背丈：37
体重：7.2kg
着用サイズ：TXL

名前：ジェットくん
犬種：オーストラリアンラブラドゥードル
首まわり：32
胸まわり：50
背丈：37
体重：7.2kg
着用サイズ：TXL

中型犬サイズ着用 ▷▷▷

名前：ルークくん
犬種：オーストラリアンラブラドゥードル
首まわり：32
胸まわり：55
背丈：39
体重：9.7kg
着用サイズ：SM

名前：彩葉ちゃん
犬種：コーギー
首まわり：34
胸まわり：53
背丈：48
体重：11kg
着用サイズ：SM

名前：元気くん
犬種：柴犬
首まわり：32
胸まわり：54
背丈：43
体重：10kg
着用サイズ：SM

名前：未来ちゃん
犬種：柴犬
首まわり：35
胸まわり：52
背丈：38
体重：8kg
着用サイズ：SM

大型犬サイズ着用 ▷▷▷

名前：巴瑠ちゃん
犬種：ゴールデンレトリバー
首まわり：47
胸まわり：80
背丈：60
体重：30kg
着用サイズ：RL

型紙のサイズ補正
about Pattern

"ちょっとサイズが合わない"、"もう少し着丈を長くしたい"というときは、一番サイズの近い寸法の型紙を補正して使いましょう。

着丈を変える（背・腹身頃）

●長くする

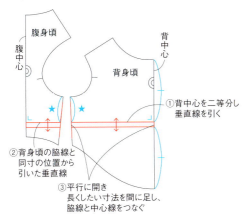

背中心を二等分し、垂直線を引きます。背身頃の袖下から垂直線までの長さを測ります（★）。腹身頃の袖下★の位置に垂直線を引きます。垂直線で平行に切り開き、長くしたい寸法を間に足して、脇線や中心線をつなぎ直します。

●短くする

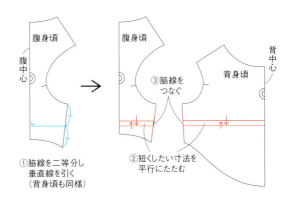

腹身頃・背身頃の脇線を二等分し、垂直線を引きます。垂直線で平行に短くしたい寸法をたたんで、脇線をつなぎ直します。

着丈を変える（背身頃のみ）

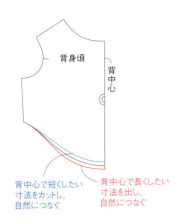

長くしたい場合は、背中心で長くしたい寸法を出します。短くしたい場合は、背中心で短くしたい寸法をカットします。そこから脇に向かって自然につなぎます。

パンツ丈を変える（股上）

ウエストに対して、長くしたい寸法を平行に出す、または短くしたい寸法を平行にカットします。ウエストの長さは変えないように注意し、平行に出した両端をつなぎます。
※修正後しっぽのくり部分が、しっぽにかかってしまわないか確認しましょう。かかってしまう場合はくりを広く補正します。

パンツ丈を変える（股下）

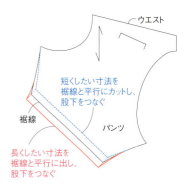

裾に対して、長くしたい寸法を平行に出す、または短くしたい寸法を平行にカットします。裾幅は変えないように注意し、平行に出した股下をつなぎます。

袖丈を変える

●長くする

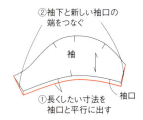

袖口に対して、長くしたい寸法分を平行に出します。袖口の長さは変えないように注意。平行に出した両端と袖下をつなぎます。

●短くする

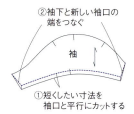

袖口に対して、短くしたい寸法を平行にカットします。袖口の長さは変えないように注意。カットした両端と袖下をつなぎます。

胸まわりを変える

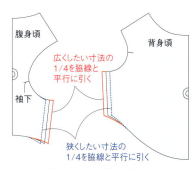

広くしたい場合は、広げたい幅の1/4の寸法を脇線から出して平行線を引きます。狭くしたい場合は、狭くしたい幅の1/4の寸法を脇線からカットして平行線を引きます。袖ぐり線と裾線を自然につなぎます。

●Tシャツなど袖下が腹身頃の場合

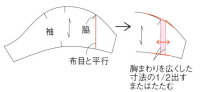

●ボタンダウンなど袖下が脇の場合

脇線の位置を変えた場合は、付属する袖も補正しなければなりません。身頃を補正した寸法と同寸を広く、または狭くして袖口と袖ぐり線を自然につなぎます。

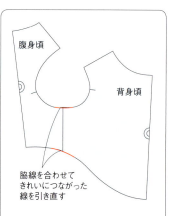

脇線の位置を変えたら、脇がきれいにつながるか確認しましょう。引き直した脇線を合わせて角ができている場合は、線をきれいにつなぎ直します。

胸まわり・首まわりを変える

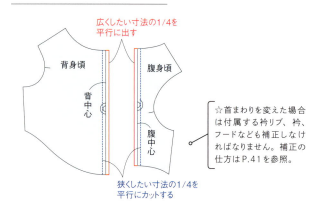

☆首まわりを変えた場合は付属する衿リブ、衿、フードなども補正しなければなりません。補正の仕方はP.41を参照。

広くしたい場合は、広げたい寸法の1/4の寸法を中心線から出して平行線を引きます。狭くしたい場合は、狭くしたい幅の1/4の寸法を中心線からカットして平行線を引きます。

※スカートも同じ補正方法

胸まわりを変えた場合は、付属するパンツも補正しなければなりません。身頃を脇で補正した場合は、パンツも脇で補正したい幅の1/4を出す、またはカットし、股上線とつなぎます。背中心で補正した場合は、パンツも背中心で補正したい幅の1/4を平行に出す、またはカットします。

首まわりを変える（ニットテープ始末の場合）

●狭くする

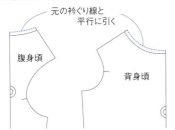

元の衿ぐり線の外側に、平行に線を引きます。中心線、肩線はそのまま延長します。

●広くする

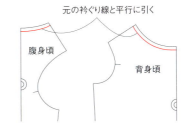

元の衿ぐり線の内側に、平行に線を引きます。

首まわりを変える（衿リブ、衿、フードがつく場合）

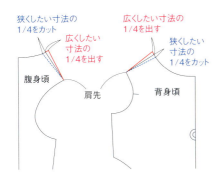

狭くしたい場合、衿ぐり線の角から狭くしたい寸法の1/4をカットし、肩先とつなぎます。広くしたい場合、衿ぐり線の角から広くしたい寸法の1/4を出し、肩先とつなぎます。

衿ぐりと袖ぐりの角度が変わるので、肩がきれいにつながるか確認しましょう。引き直した肩線を合わせて角ができている場合は、線をきれいにつなぎ直します。

付属するパーツも補正します

首まわり、胸まわりの寸法を変えた場合、衿リブ、裾リブ、衿、フードなどのパーツも補正が必要になります。

衿リブ　※裾リブは中心で補正します

●肩で補正

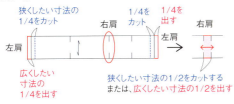

●中心で補正

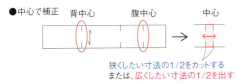

身頃を肩で補正した場合は、衿リブの両端の左肩位置で1/4ずつ、右肩位置で補正した寸法の1/2を出す、またはカットします。
身頃を中心で補正した場合は、衿リブの腹中心、背中心で補正した寸法の1/2ずつを出す、またはカットします。

衿・台衿

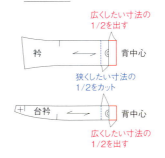

補正した寸法の1/2を背中心で出す、またはカットします。

フード

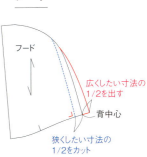

補正した寸法の1/2を背中心で出す、またはカットします。角は直角になるように線を引き、元の線と自然につなぎます。

レッスン 1
A タンクトップ
page 4

実物大型紙
1面〈A〉- 1腹身頃、2背身頃

材料
- Dailyフレンチニットボーダーカラー（ネイビー）　90cm幅
- 幅11mmのふちどりニットテープ（赤）
- タグ…1枚

※表地は必ずニット地を使用してください。

用尺

	XXS~M	L/XL	TS~TXL	SM/SL	RM/RL
Dailyフレンチニット（90cm幅）	45cm	50cm	55cm	60cm	120cm
ニットテープ	180cm	210cm	210cm	250cm	300cm

裁ち方図

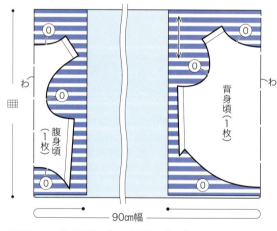

※○の中の数字は縫い代。それ以外の縫い代は1cm
※数字は左から用尺表と同様の順
※▦ 各サイズの布の使用量は用尺表を参照

できあがりサイズ

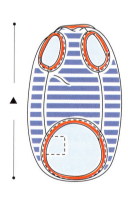

▲＝着丈
22/24/26/28/
31/33/
31/34/36/38/
39/43/
58/62

◎＝首まわり
22/24/27/30/
35/38/
23/26/29/32/
37/40/
45/50

□＝胸まわり
32/37/43/48/
53/58/
38/43/47/52/
60/65/
82/90

1. 右肩を縫う

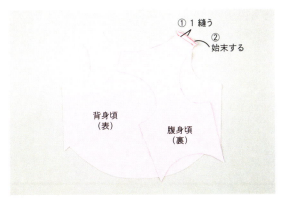 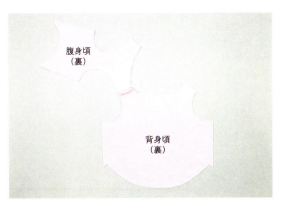

1 ─ 腹身頃と背身頃を中表に合わせ、右肩を縫います。縫い代は2枚一緒に始末します。

2 ─ 縫い代を背身頃側に倒します。

2. 衿ぐりを始末する

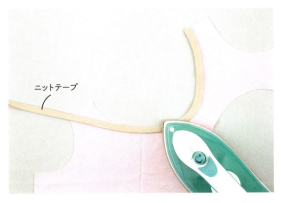 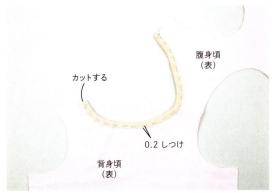 

1 ─ ニットテープを衿ぐりの形に合わせてクセをつけておきます。

2 ─ ニットテープを少し引っぱりぎみにして、衿ぐりの布端を挟んでしつけをします。ニットテープは裏側が長くなるようにしましょう。余分なニットテープをカットします。

ニットテープの長さの決め方

衿ぐり、袖ぐり、裾などをニットテープで始末をする場合、つけ位置と同じ寸法でつけると伸びてしまうため、短めに縫いつけてカットします。

テープの寸法

衿ぐり…つけ位置の80%の長さ

袖ぐり…つけ位置の80%の長さ

裾…背身頃側／つけ位置の90%の長さ
　　腹身頃側／つけ位置の80%の長さ

ニットテープを自分で作る場合

作りたい幅

ニットテープは自分で作ることもできます。ニット地をよこ地に細長くカットするだけ。幅は、作りたい幅の4倍の幅でカットし、四つ折りにします。

3. 袖ぐりを始末する

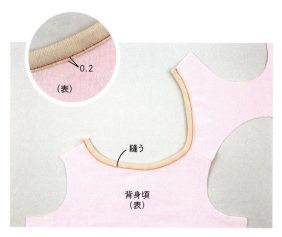

3 表からニットテープを縫いつけます。

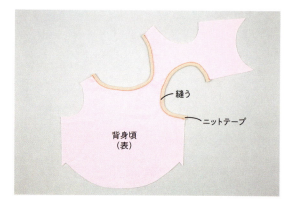

1 右袖ぐりの布端を、衿ぐりと同様にニットテープで始末します。

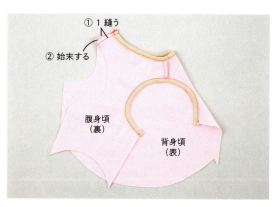

2 腹身頃と背身頃を中表に合わせ、左肩を縫います。縫い代は2枚一緒に始末し、背身頃側に倒します。

3 左袖ぐりの布端を、ニットテープで始末します。

4. 脇と裾を縫う

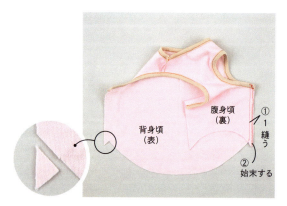

1 腹身頃と背身頃を中表に合わせ、右脇を縫います。縫い代は2枚一緒に始末し、背身頃側に倒します。背身頃の左脇の縫い代に飛び出している部分をカットします。

2 ニットテープを少し引っぱりぎみにして、裾の布端を挟んでしつけをします。引っぱりすぎて身頃にしわが入らないように注意しましょう。

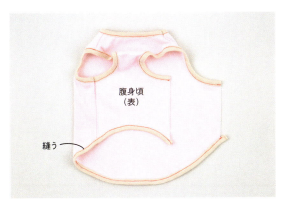

3　表からニットテープを縫いつけます。

4　腹身頃と背身頃を中表に合わせ、左脇を縫います。縫い代は2枚一緒に始末し、背身頃側に倒します。

5　ニットテープの端が浮かんでこないように、縫いとめます。

5. タグをつける

背身頃のお好みの位置にタグを縫いつけます。

できあがり

Lesson レッスン 2
L ボタンダウンシャツ
page 18

実物大型紙
2面 〈L〉1腹身頃、2背身頃、3袖、4ヨーク、5衿、6台衿、7前立て

材料
・先染60//オックスギンガム（ミドルグリーン）108cm幅
・接着芯
・直径11.5mmのボタン　XXS〜XL… 5個、TS〜RL… 6個
・直径8mmのボタン　2個
・直径1cmのスナップボタン　1組
・幅2.5cmの面ファスナー（白）

用尺

	XXS〜M	L/XL	TS〜TXL	SM/SL	RM/RL
オックスギンガム（108cm幅）	60	85	85	100	155
接着芯	40×45	45×45	45×45	45×50	45×65

	XXS	XS	S	M	L	XL	TS	TM	TL	TXL	SM	SL	RM	RL
面ファスナー	10	12	12	14	12	14	12.5	12.5	15	15	20	22.5	30	32.5

※XXS〜XLは4等分、TS〜RLは5等分する

裁ち方図

できあがりサイズ

▲＝着丈
20/22/23/25/
28/30/
28/30/32/34/
33/37/
50/54

◎＝首まわり
22/25.1/32.5/35.5/
38/41/
28.7/31.7/34.7/37.7/
40.9/44/
53/56

□＝胸まわり
36/41/49/54/
61/66/
45/50/54/59/
68/73/
90/98

◆＝XXS〜TXL/5.5
　　SM〜RL/7.5

※○の中の数字は縫い代。それ以外の縫い代は1cm
※□は裏に接着芯を貼る
※数字は左から用尺表と同様の順
※⊞ 各サイズの布の使用量は用尺表を参照

1. 前立てをつける

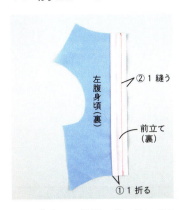
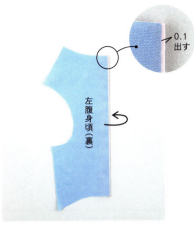
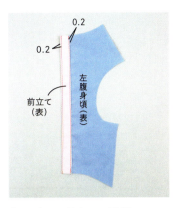

1 ― 前立ての脇側の縫い代に折り目をつけておきます。身頃に前立てを重ね、折り目をつけていない側を縫います。

2 ― 前立てを表に返します。前端から前立てを0.1cm出して折ります。

3 ― 表から前立ての両側にステッチをかけます。右腹身頃も同様に縫います。

2. 裾と袖口を始末します

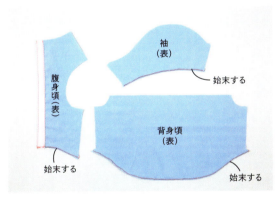
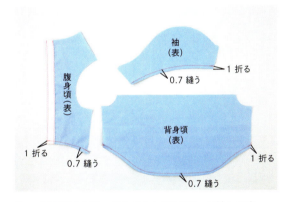

1 ― 腹身頃と背身頃の裾、袖の袖口の縫い代を始末します。

2 ― 裾と袖口の縫い代をでき上がりに折って縫います。

3. ループを作る

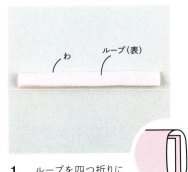

1 ― ループを四つ折りにします。

2 ― 端から0.2cmのところを縫います。

3 ― ループに折り目をつけます。

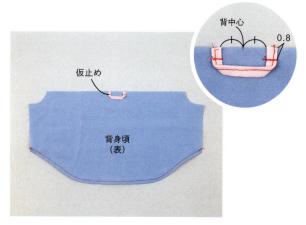

4 ― 背身頃とループの中心を合わせて仮止めします。

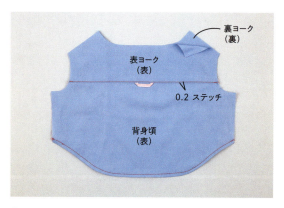

2 ― ヨークを表に返し、表からステッチをかけます。

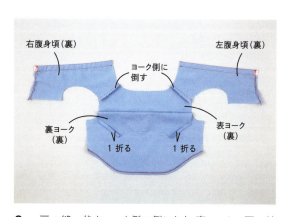

2 ― 肩の縫い代をヨーク側に倒します。裏ヨークの肩の縫い代を1cm折ります。

4. 背身頃とヨークを縫う

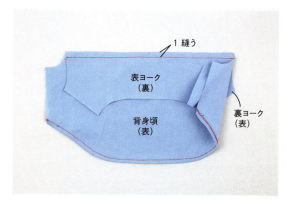

1 ― 表・裏ヨークを中表に合わせ、間に背身頃を挟んで縫います。

5. 肩を縫う

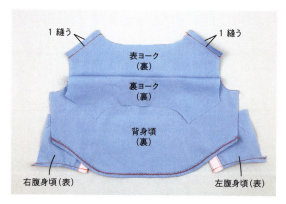

1 ― 裏ヨークはよけておき、表ヨークと腹身頃を中表に合わせて肩を縫います。

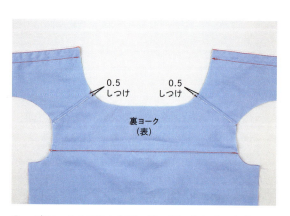

3 ― 裏ヨークの折り山を肩の縫い目に合わせてかぶせ、しつけをします。

6. 衿を作り、つける

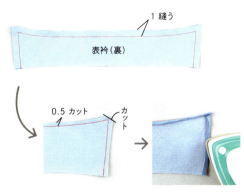

1　表衿と裏衿を中表に合わせて縫います。縫い代は0.5cmにカットし、衿先は斜めにカットします。縫い代を表衿側に倒してアイロンをかけます。

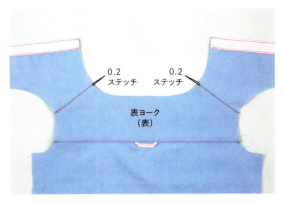

4　表から肩にステッチをかけます。裏ヨークのしつけ糸を抜きます。

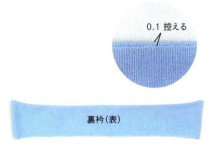

2　表に返し、裏衿を0.1cm控えてアイロンをかけます。控えておくと、表から裏衿が見えずきれいな仕上がりになります。

3　表衿側から衿の周りにステッチをかけます。

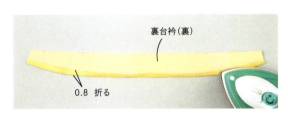

4　裏台衿の衿ぐり側の縫い代を0.8cm折ります。

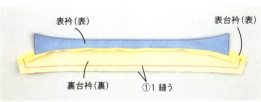

5　表衿と裏台衿、裏衿と表台衿を中表に合わせて縫います。縫い代は0.5cmにカットします。

6　台衿を表に返し、形を整えます。

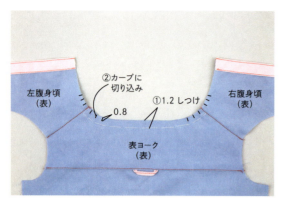

7 ヨークの衿ぐりがずれないようにしつけをします。身頃とヨークのカーブになっている縫い代に切り込みを入れます。

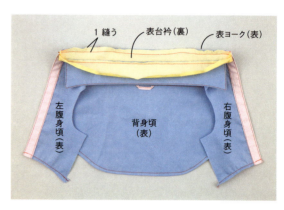

8 表台衿と身頃・表ヨークを中表に合わせて縫います。7のしつけ糸を抜きます。

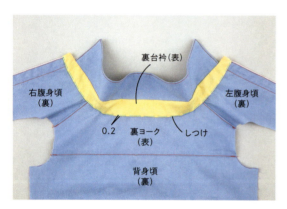

9 台衿を表に返し、衿ぐりの縫い代にかぶせてしつけをします。

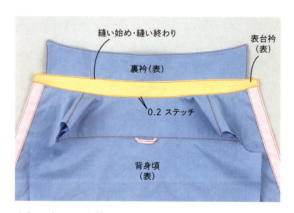

10 表から、台衿の周りにステッチをかけます。9のしつけ糸を抜きます。

7. 袖をつける

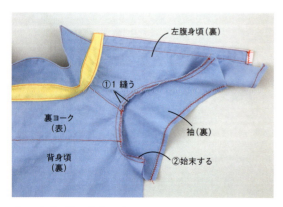

1 身頃と袖を中表に合わせて縫います。縫い代は2枚一緒に始末し、袖側に倒します。反対側も同様に縫います。

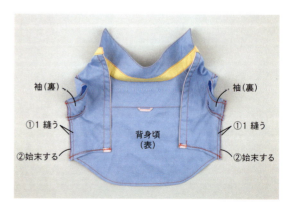

2 身頃・袖を中表に合わせて、袖下から脇を続けて縫います。縫い代は2枚一緒に始末し、背身頃側に倒します。

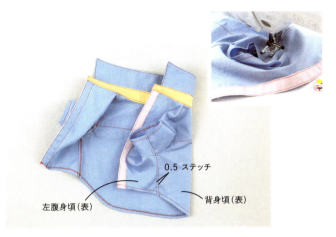

3 ― 表からステッチをかけて縫い代を押さえます。袖下は布をたぐり寄せながら、身頃など他の部分を縫い込まないように気をつけて縫います。

4 ― 両脇ともステッチをかけられました。

8. 面ファスナーとボタンをつける

1 ― 右腹身頃の前立てに面ファスナー（硬）を、左腹身頃の裏側に面ファスナー（柔）を縫いつけます。面ファスナーの角は、当たっても痛くないように斜めにカットしておきます。XXS〜XLサイズは4枚、TS〜RLサイズは5枚をボタンつけ位置の間につけます。

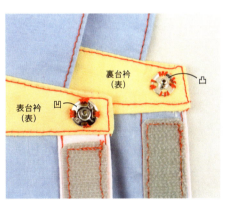

2 ― 表台衿にスナップボタン（凹）、裏台衿にスナップボタン（凸）を縫いとめます。

できあがり

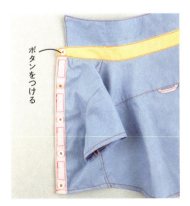

3 ― 左腹身頃の前立てに、直径11.5mmのボタンを縫いとめます。

4 ― 前を合わせてとめ、左右対称になるように衿を整えます。衿は少し浮かせ、衿先を直径8mmのボタンで腹身頃にとめます。

How to make
-- Sewing --

まずは、布や用具、型紙など、ソーイングの基本を覚えておきましょう。

おすすめの布

着せやすくて、縫いやすい、犬服作りにおすすめの布を紹介します。

TシャツやタンクトップにはスムースニットもM端がまるまりにくくて縫いやすいのでおすすめです。

天竺ニット…Tシャツなどによく使われるニット地。表と裏で表情が違います。

裏毛ニット…トレーナーなどによく使われる、裏面がパイル状になっているニット地。

接結ニット…2枚のニット地を接結糸で組み合わせた、ふんわりとやわらかいニット地。

ジャガードニット…織りで柄を出したニット地。リバーシブルや、間に綿を挟んだタイプも。

付属ニット…スパンリブ、スパンフライス、テレコなどの横方向に伸びやすいニット地。袖口や裾などの付属パーツに使います。

オックス…シャツなどにも使われるほどよい厚みのある綿生地。

ツイル…斜めに織り文様が見える布。ほどよい厚みがあります。

ローン…絹のようなしなやかな薄手の布。リバティプリントのタナローンが有名です。

ブロード…手触りが柔らかい普通地。柄も豊富です。

ストレッチデニム…伸縮性があるので動きやすいデニム地。

撥水加工ナイロン…表面に撥水加工がほどこされています。カサカサと音がしにくいものがおすすめ。

ラミネート地…表面をラミネート加工された布。バッグやポーチなどの小物向き。

ナイロンキルティング…ナイロン地2枚の間に綿が入っているので保温性も抜群。

フリース…繊維を薄いシート状にしたほつれにくい布。ポリエステル製のものは軽くて保温性に優れています。

ファー、ボア…毛並のある布。毛並は方向性があるので裁断するときに注意。

消臭シート…不織布のシートの中に消臭効果のある炭が混ざっています。

| 用具 | まずは最初に用意しておくものから準備して、必要になれば少しずつ便利な用具もそろえましょう。|

最初に準備する用具

①**ハトロン紙**…型紙を写すための薄くて透ける紙。
②**布用複写紙**…布の間に挟み、上からルレットで押さえて印を写します。
③**ウエイト**…型紙を写すときなどに使う重し。
④**マチ針**…2枚以上の布をとめるときに使う針。
⑤**針山（ピンクッション）**…針を使わないときに刺しておきます。
⑥**手縫い針**…手縫い用の針。普通地用のメリケン針がおすすめです。
⑦**しつけ糸**…仮止め用の糸。
⑧**ルレット**…布用複写紙とセットで印つけに使います。
⑨**チャコペン**…印つけに使います。
⑩**目打ち**…角を整えたり、ミシンで縫うときに布を送ったりと細かい作業に便利。
⑪**リッパー**…縫い糸をほどくときなどに使います。
⑫**糸切りばさみ**…糸を切るための握りばさみ。
⑬**布切りばさみ**…布を切るため専用のはさみ。布以外のものを切ると切れ味が落ちるので注意。
⑭**方眼定規**…30cm程度の長さで、方眼のマス目が入っていると便利。
⑮**メジャー**…着丈や首まわりなどの長さを測るので、金属製ではなく柔らかいタイプを用意。
⑯**アイロン＆アイロン台**…縫い代を折ったり、しわを伸ばしたり、美しい仕上がりに欠かせません。

あると便利な用具

ロータリーカッター&カッティングマット
伸縮性のあるニット地などは、ロータリーカッターを使えばより正確な裁断ができます。

仮止めクリップ
ニット地やファーなど、マチ針が抜けやすい布、ラミネートなどマチ針だと穴があいてしまう布を挟んでとめられるので便利。

スーパーポンポンメーカー
ケープや帽子の飾りにつけたポンポンをかんたんに作れます。

ふちどりニットテープ
ニット地をよこ地方向に裁断したテープ。四つ折りになっているので、衿ぐりや袖ぐりの始末がかんたんにできます。

提供：ふちどりニットテープ／キャプテン、アイロン＆アイロン台以外の用具／クロバー

実物大型紙の使い方

付録の実物大型紙を写し、型紙を作って布を裁断しましょう。

 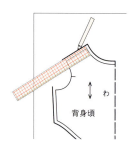 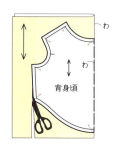

写す ▷▷▷ **縫い代をつける** ▷▷▷ **裁断**

付録の実物大型紙の写したいパーツの角に、消えるマーカーなどで印をつけます。ハトロン紙などの薄紙を重ね、動かないようにウエイトを置いて線を写します。合印、布目線なども忘れずに。

作り方ページの裁ち方図に記載されている縫い代の寸法を参照して、写した線の周りに縫い代をつけます。方眼定規を使うのがおすすめ。

型紙を縫い代線でカットします。型紙と布の布目を合わせてマチ針を打ち、型紙に沿って布を裁断します。

角の縫い代のつけ方

袖口の角や、身頃の脇の角などはでき上がりに折ったときに、きれいに仕上がるように縫い代をつけましょう。

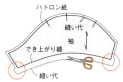  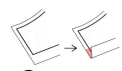

①角以外の縫い代をつけ終わったら、周囲を多めに残して型紙をカットします。

②袖口をでき上がり線で折り、袖下の縫い代線に沿って余分をカットします。三つ折りの場合は指定寸法で折ります。

NG 角の縫い代はでき上がり線と平行につけてしまうと、折り返したときに端が足りなくなってしまいます。

印つけ

縫い合わせるときの目印になるように、印をつけましょう。

布用複写紙

布を外表に合わせ、間に布用複写紙を挟みます。上に型紙を重ね、ルレットで押さえて印をつけます。

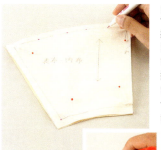

チャコペン

型紙のでき上がり線や合印の位置などに目打ちで穴を開けておきます。布に型紙を重ね、穴の上から印をつけます。型紙を外して、でき上がり線の印をつなげます。

接着芯

布に張りを持たせ、縫いやすくするため指定箇所には接着芯を貼りましょう。

接着芯の種類

[織り地タイプ]
衿や前立てなどに貼る場合は、表地になじみやすい基布が織り地のタイプがおすすめ。

[接着キルト芯]
カフェマットなど、ふかふかに仕上げたい場合は、綿状になっている接着キルト芯を貼ります。貼ったあと、さっとスチームをかけるとふっくらとします。

貼り方

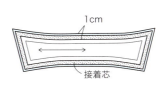

裁ち方図に指定された貼る位置を確認しましょう。縫い代を含めた全面に貼る場合は、型紙よりもひとまわり大きく裁断した布に、接着芯を貼ってから型紙に合わせて裁断します。全面に貼らない場合は、指定位置に合わせて接着芯を裁断して貼ります。

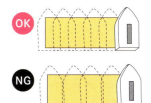

接着芯を貼るときに大事なポイントは「圧着」すること。当て布をし、中温程度で、アイロンは絶対にすべらさず、隙間ができないように1か所につき10秒ほど体重をかけて押さえます。冷めて芯の樹脂が固まるまでは動かさないようにしましょう。

針と糸の選び方

布に合わせて針と糸を選びましょう。ボタンつけなどは手縫い糸を使用。

布	ミシン針	ミシン糸
薄地 (ローンなど)	#9	#90
普通地 (ブロード、オックスなど)	#11	#60
ニット地 (天竺ニット、接結ニットなど)	ニット用ミシン針	ニット用ミシン糸 レジロンなど

布の合わせ方

作り方に必ず登場するので、覚えておきましょう。

[中表]
2枚の布の表同士を内側で合わせること。

[外表]
2枚の布の表を外側にして合わせること。

布端の始末

布端はほつれてこないように始末をします。

[ジグザグミシン]
布端をかがってほつれないようにする縫い目。その他の裁ち目かがり縫いでもOK。

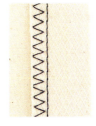

[二つ折り]
布端を二つに折って縫います。布端が見えるので、ジグザグミシンをしてから縫います。

[三つ折り]
布端を2回折って縫います。布端は内側に入って見えません。

表記について

- 材料や寸法の表記に複数の数字がある場合は、
  左または上からXXS/XS/S/M/L/XL/TS/TM/TL/TXL/SM/SL/RM/RLサイズを表しています。
- 材料の用尺は、柄合わせが必要な場合は掲載の寸法よりも多く必要になることがあります。
- 用尺は幅×高さの順で表記しています。
- 作り方の工程を写真で説明しているページ、作り方のページの図中で、特に指定のない数字の単位はcmです。
- 裁ち方図はSサイズを基準に起こしています。異なるサイズを作る場合や使用する布によっては、配置に違いが生じる場合があるので、必ずすべての型紙を置いて確認してから裁断しましょう。
- 直線だけのパーツは型紙がついていないものもあります。裁ち方図に記載されている寸法を参照し、布に直接線を引いて(縫い代も忘れず)裁断してください。
- 実物大型紙には、縫い代が含まれていません。裁ち方図を参照し、指定の縫い代をつけてください。型紙の使い方はP.54参照。

副資材の使い方

ドットボタン

※アメリカンホック、打ちスナップボタンなどとも呼ばれます。

①つけ位置にポンチなどで穴を開け、穴にツメを差し込みます。

②通したツメにバネ(凹)またはゲンコ(凸)の順に重ねます。

③バネ(凹)またはゲンコ(凸)の上に、打ち具をのせて金づちでたたきます。ぐらぐらと動かないようになるまでたたきます。

④ドットボタンがつきました。

スナップボタン

①玉結びをして、スナップボタンの脇に針を出します。その横から針を入れ、穴から出します。

②針に糸をかけます。

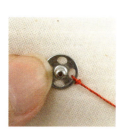

③針を出して、糸を引きます。

④同様にして1つの穴に3回程度針を通して縫いとめます。すべての穴を縫いとめたら、裏側に針を出し、玉止めをして糸を切ります。

B ギャザーワンピース

Photo P.6

実物大型紙 1面〈B〉-1腹身頃、2背身頃、3スカート

材料
- 接結ニット（杢ベージュ無地）155cm幅
- ジャガードニット　スコットチェック150cm幅
- 幅11mmのふちどりニットテープ（ベージュ）
- 幅0.6cmのゴムテープ
- リボン…適宜

用尺

	XXS～M	L/XL	TS～TXL	SM/SL	RM/RL
接結ニット(155cm幅)	35cm	40cm	40cm	45cm	65cm
ジャガードニット(150cm幅)	30cm	30cm	35cm	35cm	40cm
ニットテープ	135cm	155cm	140cm	165cm	205cm

	XXS	XS	S	M	L	XL	TS	TM	TL	TXL	SM	SL	RM	RL
ゴムテープ	8.5	10	12	13.5	15	16.5	11	12.5	13.5	15	18	19	21	23

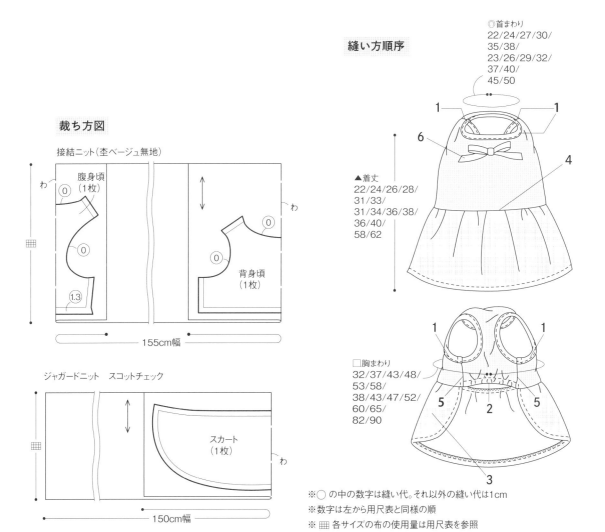

裁ち方図

接結ニット(杢ベージュ無地)
腹身頃(1枚)　背身頃(1枚)
155cm幅

ジャガードニット　スコットチェック
スカート(1枚)
150cm幅

縫い方順序

◎首まわり
22/24/27/30/
35/38/
23/26/29/32/
37/40/
45/50

▲着丈
22/24/26/28/
31/33/
31/34/36/38/
36/40/
58/62

□胸まわり
32/37/43/48/
53/58/
38/43/47/52/
60/65/
82/90

※ ○の中の数字は縫い代。それ以外の縫い代は1cm
※ 数字は左から用尺表と同様の順
※ ▦ 各サイズの布の使用量は用尺表を参照

1. 身頃の肩を縫い、衿ぐりと袖ぐりを始末する
（P.43の 1 ～P.44の 3 参照）

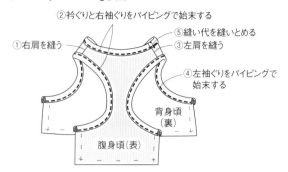

2. 腹身頃の裾にゴムテープを通す

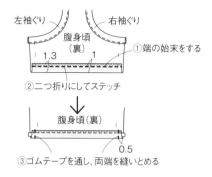

3. スカートを作る

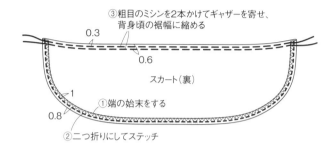

4. 身頃とスカートを縫う

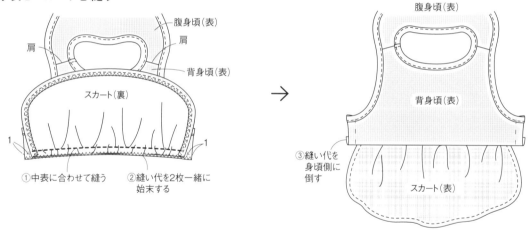

5. 脇を縫う

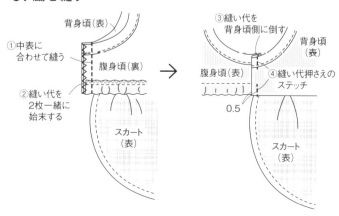

6. 背身頃にリボンをつける

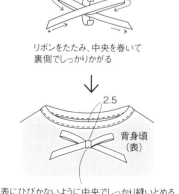

C チュールワンピース

Photo P.7

実物大型紙 1面〈C〉-1腹身頃、2背身頃

材料
・ミニ裏毛 m・dot（アイスラベンダー）160cm幅
・ソフトチュール15D（オフ白）188cm幅
・幅11mmのふちどりニットテープ（薄いグレー）
・幅0.6cmのゴムテープ

用尺

	XXS〜M	L/XL	TS〜TXL	SM/SL	RM/RL
ミニ裏毛（160cm幅）	40cm	45cm	45cm	50cm	70cm
ソフトチュール（188cm幅）	30cm	35/65cm	40cm	70cm	90cm
ニットテープ	135cm	155cm	140cm	165cm	205cm

	XXS	XS	S	M	L	XL	TS	TM	TL	TXL	SM	SL	RM	RL
ゴムテープ	8	9.5	11.5	13	14.5	16	10.5	12	13	14.5	17.5	19	21	23

裁ち方図

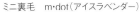

ミニ裏毛 m・dot（アイスラベンダー）　　ソフトチュール15D（オフ白）

160cm幅　　188cm幅

●=7/8/9/10/11.5/12.5/12.4/13.2/14/14.8/13.5/15/19.8/21.3
▽=54.4/63/72.8/81.6/88.2/96.8/62/70.4/77.2/85.8/99/107.2/126.6/139

※○の中の数字は縫い代。それ以外の縫い代は1cm
※数字は左から用尺表と同様の順
※ ⊞ 各サイズの布の使用量は用尺表を参照

1、2（P.58と同様）

3. スカートを作る

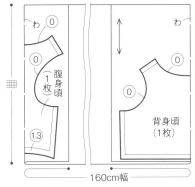

チュールを4枚重ね、粗目のミシンを2本かけてギャザーを寄せ、背身頃の裾幅に縮める

4. 身頃とスカートを縫う

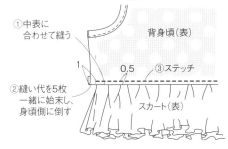

①中表に合わせて縫う
②縫い代を5枚一緒に始末し、身頃側に倒す
③ステッチ

5. 脇を縫う
（P.58と同様）

縫い方順序

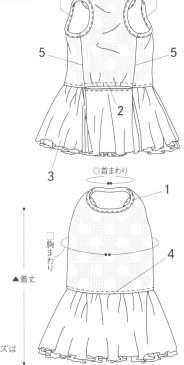

※▲、◎、□ でき上がりサイズはP.57と同じ

D 前あきタンクトップ

Photo P.8

実物大型紙 2面〈D〉-1ヨーク、2腹身頃、3背身頃、4袖リブ、5裾リブ、6衿

材料
- 40/スパンテレコ（黒）45cm幅（W）
- ジャガードニット（ブロックチェック レッド）145cm幅
- 接着芯
- 幅1.2cmのニット用伸び止めテープ
- 直径1.5cmのドットボタン　XXS～SL…1組、RM／RL…3組

用尺

	XXS～M	L/XL	TS～TXL	SM/SL	RM/RL
ジャガードニット（145cm幅）	40cm	50cm	50cm	60cm	75cm
スパンテレコ（45cm幅W）	20cm	30cm	30cm	30cm	40cm
接着芯	20×20cm	20×20cm	20×20cm	20×20cm	25×30cm
伸び止めテープ	50cm	60cm	55cm	70cm	80cm

裁ち方図

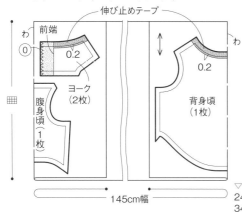

※ ○の中の数字は縫い代。それ以外の縫い代は1cm
※ ▨ は裏に接着芯を貼る
※ ▨ は裏に伸び止めテープを貼る
※ ～ は端を始末する
※ 数字は左から用尺表と同様の順
※ ▦ 各サイズの布の使用量は用尺表を参照

準備

ヨークと背身頃の衿ぐりに伸び止めテープを縫い線にかかるように貼る。ヨークの見返し部分に接着芯を貼り、端を始末する（裁ち方図参照）。アイロンで衿、袖リブ、裾リブを二つ折りにする。リブが伸びないように上から軽く押さえるようにアイロンをかける。

縫い方順序

●首まわり
22/25/28/31/36/40/
24/27/30/33/40/43/
48/53

▽着丈
24.2/26.2/28.5/30.5/34/36/
33.7/37/39/41/
42.7/46.7/
62.5/66.5

■胸まわり
34/39/45/50/55/60/
40/45/49/54/62/67/
84/92

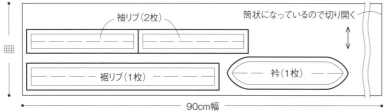

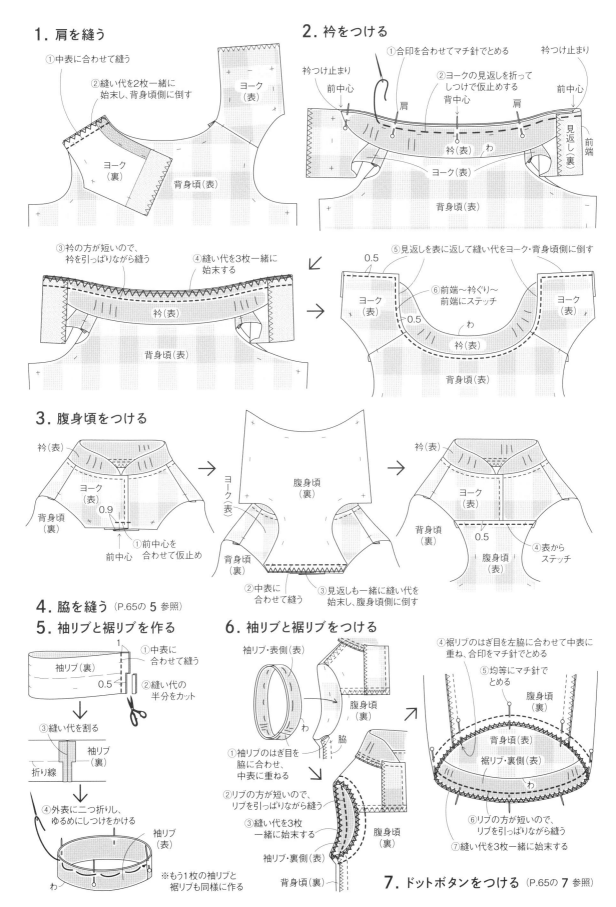

E フードつき タンクトップ
Photo P.9

実物大型紙 2面〈E〉-1ヨーク、2腹身頃、3背身頃、4袖リブ、5裾リブ、6フード、7ポケット

材料
- TOP杢 ストレッチ裏毛（グレー杢）160cm幅
- ステッチピケボーダー（ブルー）150cm幅
- スパンフライス（グレー杢）45cm幅（W）
- 接着芯
- 幅1.2cmのニット用伸び止めテープ
- 直径1.5cmのドットボタン　XXS〜SL…1組、RM／RL…3組

用尺

	XXS〜M	L/XL	TS〜TXL	SM/SL	RM/RL
ストレッチ裏毛(160cm幅)	40cm	50cm	50cm	60cm	75cm
ステッチピケボーダー(150cm幅)	35cm	35cm	35cm	40cm	45cm
スパンフライス	20cm	20cm	20cm	20cm	25cm
接着芯	25×20cm	25×20cm	25×20cm	25×25cm	30×35cm
伸び止めテープ	75cm	85cm	85cm	90cm	110cm

裁ち方図

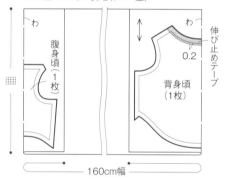

準備
ヨークと背身頃の衿ぐりに伸び止めテープを縫い線にかかるように貼る。
ポケット口に伸び止めテープを貼る。
ヨークの見返し部分に接着芯を貼り、端を始末する（裁ち方図参照）。
アイロンで袖リブ、裾リブを二つ折りにする。リブが伸びないように上から軽く押さえるようにかける。

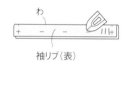

縫い方順序

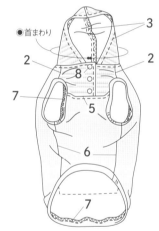

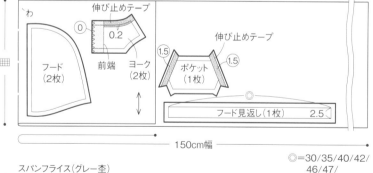

◎=30/35/40/42/46/47/
37.4/39.8/42.2/43.2/49.6/51.6/
65/67

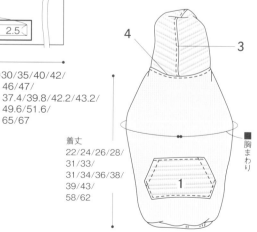

着丈 22/24/26/28/31/33/
31/34/36/38/39/43/
58/62

※◎、■ でき上がりサイズはP.60と同じ

※ ○ の中の数字は縫い代。それ以外の縫い代は1cm
※ □ は裏に接着芯を貼る　※ は裏に伸び止めテープを貼る
※ ～ は端を始末する　※数字は左から用尺表と同様の順
※ 各サイズの布の使用量は用尺表を参照

1. ポケットを作り、つける

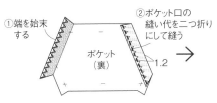
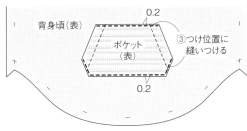

2. 肩を縫う（P.61の 1 参照）

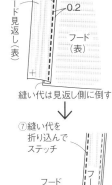

3. フードを作る

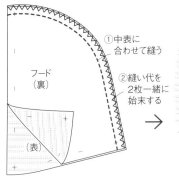
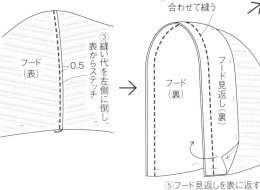

4. フードをつける

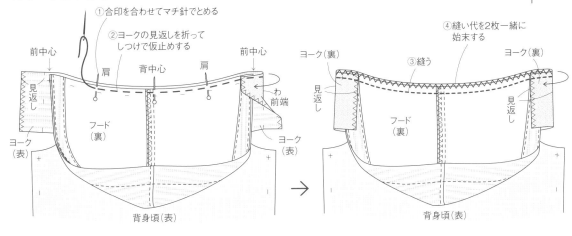

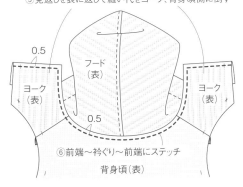

5. **腹身頃をつける**（P.61の 3 参照）

6. **脇を縫う**（P.65の 5 参照）

7. **袖リブと裾リブを作り、つける**（P.61の 5、6 参照）

8. **ドットボタンをつける**（P.65の 7 参照）

F セーラータンクトップ

Photo P.10

実物大型紙 2面〈F〉-1ヨーク、2腹身頃、3背身頃、4袖リブ、5裾リブ、6衿

材料
- パンジャブコットン天竺ボーダー（白×マリンブルー）115cm幅
- 16sBD天竺（ブルー）170cm幅
- 20sスパンテレコ（青）90cm幅
- 幅8.5mmのセーラーテープ
- 接着芯
- 幅1.2cmのニット用伸び止めテープ
- 直径1.5cmのドットボタン　XXS〜SL…1組、RM／RL…3組

用尺

	XXS〜M	L/XL	TS〜TXL	SM/SL	RM/RL
天竺ボーダー(115cm幅)	40cm	45cm	50cm	60cm	75cm
16sBD天竺(170cm幅)	30cm	30cm	30cm	35cm	40cm
20sスパンテレコ(90cm幅)	20cm	20cm	20cm	20cm	25cm
接着芯	25×25cm	25×25cm	25×25cm	25×25cm	30×35cm
伸び止めテープ	55cm	60cm	55cm	65cm	80cm
セーラーテープ	60cm	75cm	60cm	80cm	100cm

裁ち方図

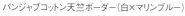

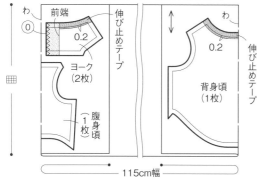

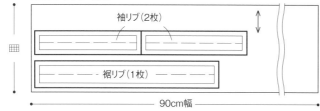

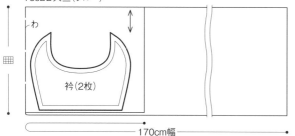

※○の中の数字は縫い代。それ以外の縫い代は1cm
※▨は裏に接着芯を貼る　※▦は裏に伸び止めテープを貼る
※〜〜は端を始末する　※▦ 各サイズの布の使用量は用尺表を参照

準備

ヨークと背身頃の衿ぐりに伸び止めテープを縫い線にかかるように貼る。ヨークの見返し部分に接着芯を貼り、端を始末する（裁ち方図参照）。アイロンで袖リブ、裾リブを二つ折りにする。リブが伸びないように上から軽く押さえるようにかける。

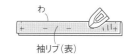

縫い方順序

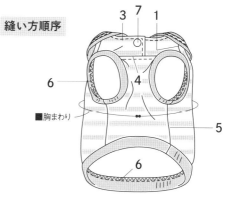

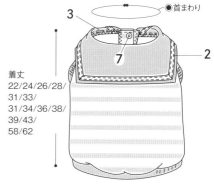

着丈
22/24/26/28/
31/33/
31/34/36/38/
39/43/
58/62

※●、■でき上がりサイズはP.60と同じ

1. **肩を縫う**（P.61の1参照）
2. **衿を作る**

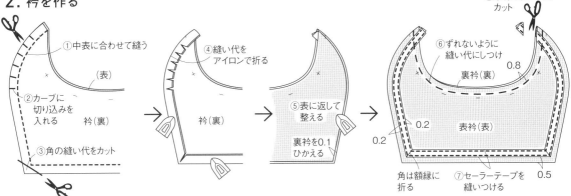

3. **衿をつける**

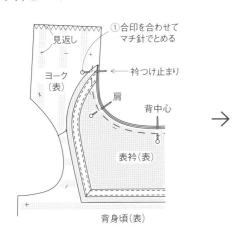

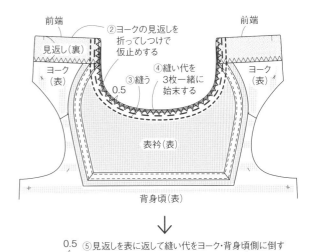

4. **腹身頃をつける**（P.61の3参照）
5. **脇を縫う**

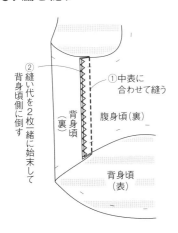

6. **袖リブと裾リブを作り、つける**（P.61の5、6参照）

7. **ドットボタンをつける**
※ドットボタンのつけ方は.56参照

<XXS〜SLサイズ>

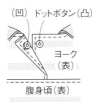

<RM/RLサイズ>

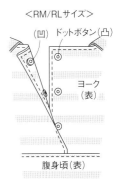

G キャップスリーブ タンクトップ

Photo P.12

実物大型紙 1面〈G〉-1腹身頃、2背身頃、3袖、4ポケット、5前立て

材料
- 猫足接結 リネットサックス（花柄）160cm幅
- ポリエステル/レーヨン天竺（コバルトブルー）155cm幅
- 直径1.2cmの飾りボタン　XXS〜TXL…2個、SM〜RL…3個
- 厚紙…適宜

用尺

	XXS〜M	L/XL	TS〜TXL	SM/SL	RM/RL
猫足接結(160cm幅)	40cm	50cm	50cm	60cm	75cm
天竺(155cm幅)	30cm	30cm	30cm	40cm	40cm

裁ち方図

ポリエステル/レーヨン天竺（コバルトブルー）

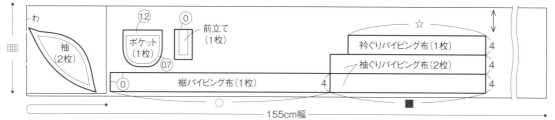

☆=19.6/21.2/23.6/26/30/32.4/
20.4/22.8/25.2/27.6/31.6/34/36/40

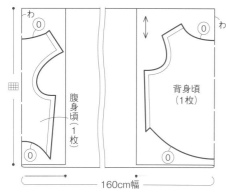

猫足接結　リネットサックス（花柄）

○=33.7/38.2/43.6/48.2/55/59.6/
41.2/46.5/50.2/54.7/65.5/71.4/79/86
■=21.8/23.8/26.5/28.5/29.7/32/
24.2/25.7/27/28.9/35.6/37.2/46.6/48.6

縫い方順序

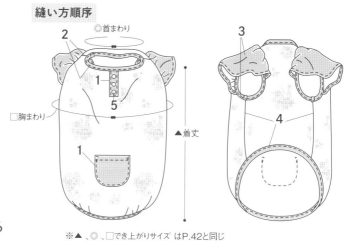

※▲、◎、□でき上がりサイズ はP.42と同じ

※○の中の数字は縫い代。それ以外の縫い代は1cm
※数字は左から用尺表と同様の順
※▦ 各サイズの布の使用量は用尺表を参照

1. 背身頃にポケットと前立てをつける

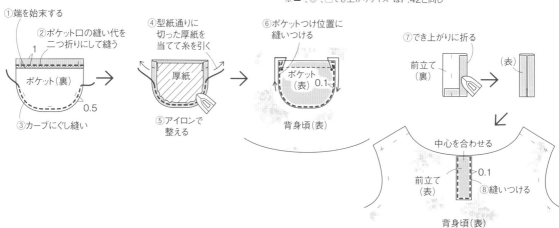

2. 身頃の肩を縫い、衿ぐりを始末する

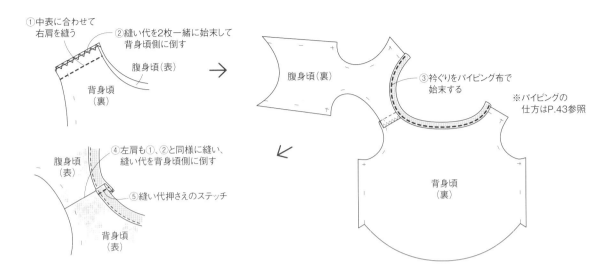

3. 袖を作り、つける

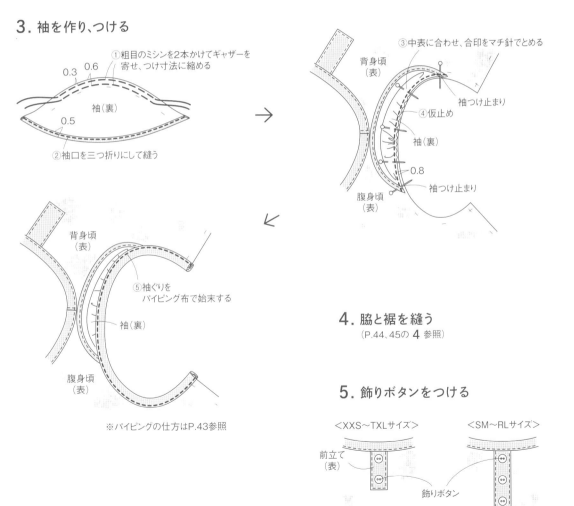

4. 脇と裾を縫う
(P.44、45の 4 参照)

5. 飾りボタンをつける

H Tシャツ

Photo P.14

実物大型紙 3面〈H〉-1 腹身頃、2 背身頃、3 袖、4 衿リブ、5 袖口リブ、6 裾リブ

材 料
- リバーシブルジャガードニット生地（ヘリンボン柄）150cm幅
- スパンテレコ（白）45cm幅（W）
- 幅1.2cmのニット用伸び止めテープ

用 尺

	XXS~M	L/XL	TS~TXL	SM/SL	RM/RL
ジャガードニット（150cm幅）	40cm	45cm	50cm	65cm	75cm
スパンテレコ（45cm幅W）	20cm	20cm	20cm	20cm	30cm
伸び止めテープ	50cm	55cm	50cm	60cm	65cm

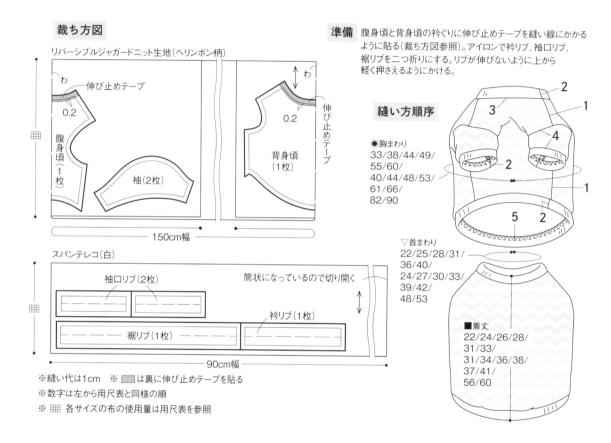

※縫い代は1cm　※▨は裏に伸び止めテープを貼る
※数字は左から用尺表と同様の順
※▦ 各サイズの布の使用量は用尺表を参照

1. 肩と脇を縫う （P.43の1～P.45の4参照）

2. 衿リブ、袖口リブ、裾リブを作る
（P.61の5参照）

3. 衿リブをつける

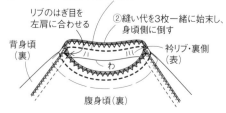

4. 袖を作り、つける

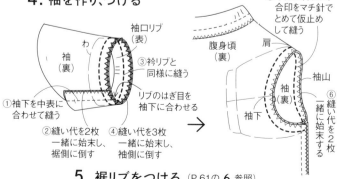

5. 裾リブをつける （P.61の6参照）

I ハイネックTシャツ

Photo P.15

実物大型紙 3面〈I〉-1 腹身頃、2 背身頃、3 袖、4 衿、5 裾リブ

材料
- 縄編みアラン 100cm幅
- 40/スパンフライス（生成り）45cm幅（W）
- 幅1.2cmのニット用伸び止めテープ

用尺

	XXS～M	L/XL	TS～TXL	SM/SL	RM/RL
縄編みアラン(100cm幅)	50cm	60cm	55cm	95cm	135cm
スパンフライス(45cm幅W)	15cm	15cm	15cm	15cm	30cm
伸び止めテープ	45cm	50cm	50cm	60cm	70cm

準備 腹身頃と背身頃の衿ぐりに伸び止めテープを縫い線にかかるように貼る。袖口の端を始末する（裁ち方図参照）。
アイロンで裾リブを二つ折りにする。リブが伸びないように上から軽く押さえるようにかける。

裁ち方図

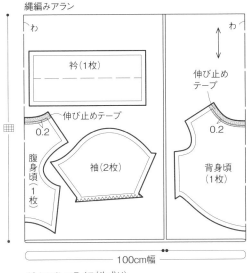

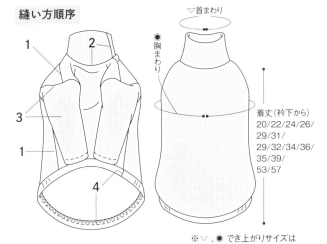

※縫い代は1cm
※ ▨ は裏に伸び止めテープを貼る
※ 〰 は端を始末する
※ ▦ 各サイズの布の使用量は用尺表を参照

※▽、● でき上がりサイズはP.68と同じ

1. 肩と脇を縫う （P.43の 1 ～P.45の 4 参照）

2. 衿を作り、つける

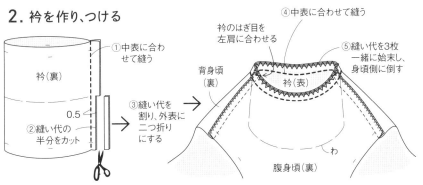

3. 袖を作り、つける

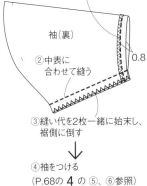

① 袖口を二つ折りにして縫う
② 中表に合わせて縫う
③ 縫い代を2枚一緒に始末し、裾側に倒す
④ 袖をつける（P.68の 4 の ⑤、⑥参照）

4. 裾リブを作り、つける
（P.61の 5 、6 参照）

K デニムスカートつき Tシャツ

Photo P.16

実物大型紙 3面〈K〉-1 腹身頃、2 背身頃、3 袖、4 衿リブ、5 袖口リブ、6 裾リブ、7 前スカート、8 後ろスカート、9 後ろヨーク、10 脇ポケット、11 脇ポケット見返し、12 ポケット

材料
- リバーシブルジャガードニット生地（テリア柄）150cm幅
- 9オンス くったりスーパーストレッチデニム 120cm幅
- 20s スパンテレコ（ピンク）45cm幅（W）
- 幅1.2cmのニット用伸び止めテープ

※デニムのステッチ糸は上糸に30番を使用

用尺

	XXS~M	L/XL	TS~TXL	SM/SL	RM/RL
ジャガードニット（150cm幅）	35cm	35cm	40cm	45cm	60cm
ストレッチデニム（120cm幅）	25cm	30cm	30cm	30cm	40cm
スパンテレコ（45cm幅W）	20cm	20cm	20cm	30cm	30cm
伸び止めテープ	50cm	55cm	50cm	60cm	70cm

準備 腹身頃と背身頃の衿ぐりに伸び止めテープを縫い線にかかるように貼る。ポケット口、脇ポケット、脇ポケット見返しの端を始末する。アイロンで衿リブ、袖口リブ、裾リブを二つ折りにする。リブが伸びないように上から軽く押さえるようにかける。

裁ち方図

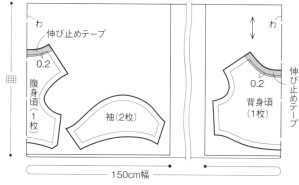
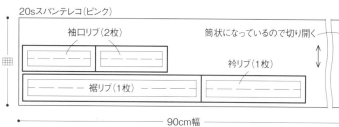
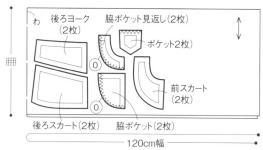

縫い方順序

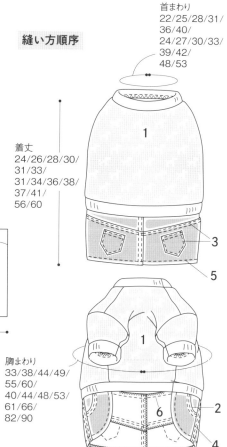

首まわり 22/25/28/31/36/40/24/27/30/33/39/42/48/53

着丈 24/26/28/30/31/33/31/34/36/38/37/41/56/60

胸まわり 33/38/44/49/55/60/40/44/48/53/61/66/82/90

※ ○の中の数字は縫い代。それ以外の縫い代は1cm
※ ▨ は裏に伸び止めテープを貼る ※ ∧∧∧ は端を始末する
※ 数字は左から用尺表と同様の順
※ ▦ 各サイズの布の使用量は用尺表を参照

1. 身頃を作る （P.68 Tシャツの作り方参照）
2. 前スカートに見返しと脇ポケットをつける ※脇ポケットは飾りポケット

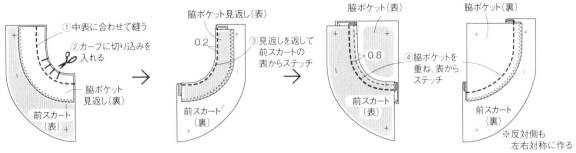

3. 後ろスカートにポケットと後ろヨークをつける

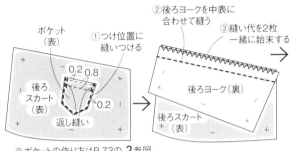

4. スカートの脇を縫う

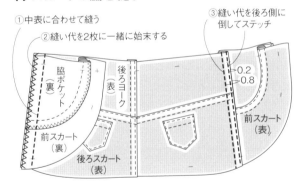

5. スカートの裾と上端の始末をする

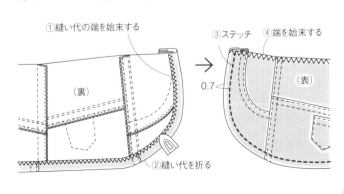

6. 身頃とスカートを縫い合わせる

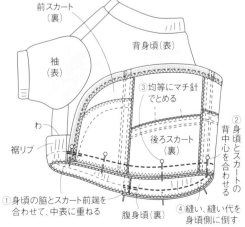

J　デニムパンツつき Tシャツ

Photo P.16

実物大型紙　3面〈J〉-1腹身頃、2背身頃、3袖、4衿リブ、5袖口リブ、6裾リブ、7パンツ、8ヨーク、9ポケット

材料
- リバーシブルジャガードニット生地（テリア柄）150cm幅
- 9オンス くったりスーパーストレッチデニム 120cm幅
- 20sスパンテレコ（青）45cm幅（W）
- 幅1.2cmのニット用伸び止めテープ
- 幅11mmのふちどりニットテープ（ネイビー）
- ※デニムのステッチ糸は上糸に30番を使用

用尺

	XXS～M	L/XL	TS～TXL	SM/SL	RM/RL
ジャガードニット（150cm幅）	35cm	35cm	40cm	45cm	55cm
ストレッチデニム（120cm幅）	40cm	45cm	45cm	50cm	80cm
スパンテレコ（45cm幅W）	20cm	20cm	20cm	20cm	30cm
伸び止めテープ	45cm	55cm	50cm	60cm	70cm
ニットテープ	100cm	110cm	110cm	130cm	180cm

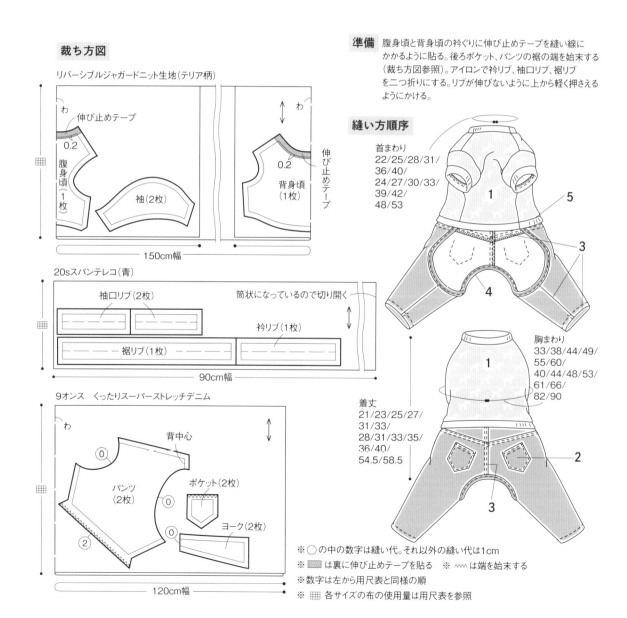

準備　腹身頃と背身頃の衿ぐりに伸び止めテープを縫い線にかかるように貼る。後ろポケット、パンツの裾の端を始末する（裁ち方図参照）。アイロンで衿リブ、袖口リブ、裾リブを二つ折りにする。リブが伸びないように上から軽く押さえるようにかける。

縫い方順序

首まわり
22/25/28/31/
36/40/
24/27/30/33/
39/42/
48/53

胸まわり
33/38/44/49/
55/60/
40/44/48/53/
61/66/
82/90

着丈
21/23/25/27/
31/33/
28/31/33/35/
36/40/
54.5/58.5

※○の中の数字は縫い代。それ以外の縫い代は1cm
※▒は裏に伸び止めテープを貼る　※〰〰は端を始末する
※数字は左から用尺表と同様の順
※▦各サイズの布の使用量は用尺表を参照

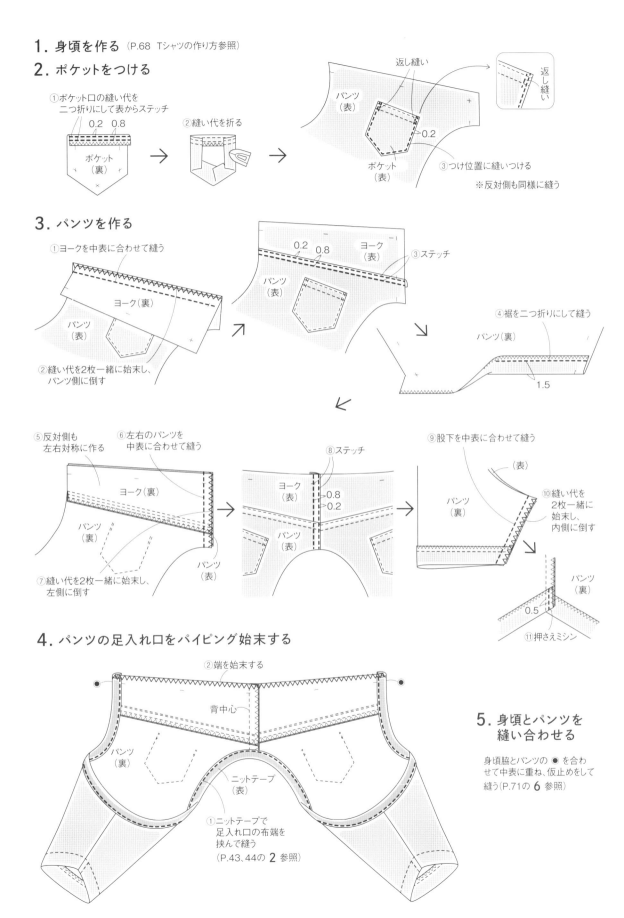

M アロハシャツ

Photo P.20

実物大型紙 2面〈M〉-1 腹身頃、2 背身頃、3 袖、4 衿、5 ポケット

材料
- コットン生地（Charming - flamingo）110cm幅
- 接着芯
- 直径11.5mmのボタン　XXS〜XL…5個、TS〜RL…6個
- 直径1cmのスナップボタン…1組
- 幅2.5cmの面ファスナー（ピンク）

用尺

	XXS〜M	L/XL	TS〜TXL	SM/SL	RM/RL
コットン生地(110cm幅)	60cm	70cm	65cm	85cm	145cm
接着芯	45×40cm	45×50cm	45×50cm	60×55cm	60×65cm

	XXS	XS	S	M	L	XL	TS	TM	TL	TXL	SM	SL	RM	RL
面ファスナー	7.5	9	9	10.5	9	10.5	10	10	12	12	16	18	24	26

※XXS〜XLは3等分、TS〜RLは4等分する

裁ち方図

コットン生地（Charming-flamingo）

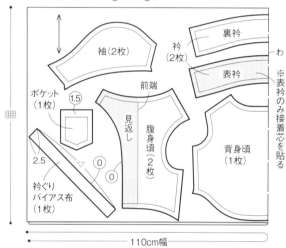

▽＝17.7/19.3/23/24.6/26.7/28.3/21.7/23.3/24.8/26.3/31.5/33/35/36.5

※◯の中の数字は縫い代。それ以外の縫い代は1cm
※▭ は裏に接着芯を貼る
※数字は左から用尺表と同様の順
※▦ 各サイズの布の使用量は用尺表を参照

準備 腹身頃の見返し部分、表衿に接着芯を貼る（裁ち方図参照）。

縫い方順序

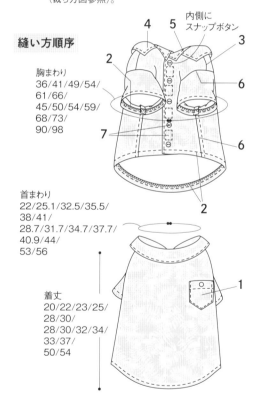

胸まわり
36/41/49/54/61/66/45/50/54/59/68/73/90/98

首まわり
22/25.1/32.5/35.5/38/41/28.7/31.7/34.7/37.7/40.9/44/53/56

着丈
20/22/23/25/28/30/28/30/32/34/33/37/50/54

1. ポケットを作り、つける

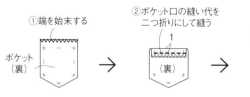

2. 身頃の裾と袖口を始末する

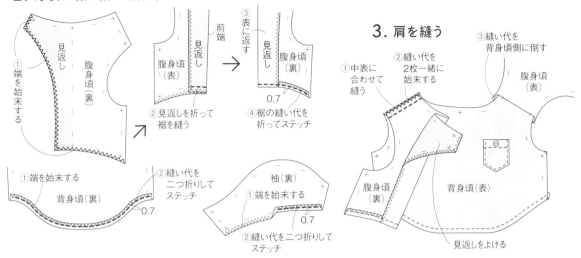

3. 肩を縫う

4. 衿を作る (P.49の 6 - 1 ～ 3 参照)

5. 衿をつける

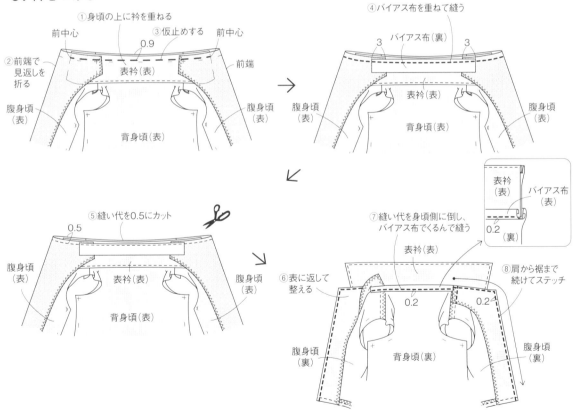

6. 袖をつけ、袖下から脇を縫う (P.51の 7 参照)

7. 面ファスナー、ボタン、スナップボタンをつける (P.51の 8 - 1 ～ 3 参照)

※スナップボタンは1番上のボタンの内側につける(左腹身頃に凸、右腹身頃に凹をつける)

N おでかけコート

Photo P.22

実物大型紙 4面〈N〉-1背身頃、2見返し、3表衿、4裏衿、5タブ

材 料
- フリース（チェック柄）140cm幅
- ムックボア（キャメル）145cm幅
- 100/2ブロード（ベージュ）109cm幅
- 接着芯
- 直径1.5cmのボタン…2個
- 幅2.5cmの面ファスナー（うす茶）

用 尺

	XXS~M	L/XL	TS~TXL	SM/SL	RM/RL
フリース（140cm幅）	50cm	60cm	60cm	70cm	90cm
ムックボア（145cm幅）	20cm	25cm	20cm	30cm	35cm
ブロード（109cm幅）	45cm	55cm	55cm	60cm	85cm
接着芯	35×40cm	40×45cm	45×45cm	50×60cm	55×70cm
面ファスナー	13.5cm	15.5cm	15cm	19.5cm	25cm

＜カット寸法＞

	XXS	XS	S	M	L	XL	TS	TM	TL	TXL	SM	SL	RM	RL
面ファスナー●（首）	4	4.5	5	5.5	5.5	6	5	5.5	6	6.5	5	5.5	6.5	7
面ファスナー▲（ベルト）	6.5	7	7.5	8	9	9.5	7	7.5	8	8.5	13.5	14	17	18

裁ち方図

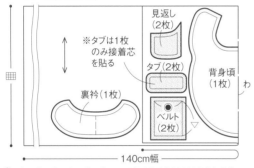

フリース（チェック柄）
※タブは1枚のみ接着芯を貼る

●＝8/10/10/10/12/12/11/12/12/12/14/14/19/19
▽＝9.7/10.5/11.4/12/14/14.8/10.7/11.7/12.2/12.8/20.5/21.2/24/25

100/2ブロード（ベージュ）

※縫い代は1cm
※ ▨ は裏に接着芯を貼る
※数字は左から用尺表と同様の順
※ ▦ 各サイズの布の使用量は用尺表を参照

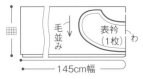

ムックボア（キャメル）

準備 見返し、タブ、ベルトに接着芯を貼る（裁ち方図参照）。

縫い方順序

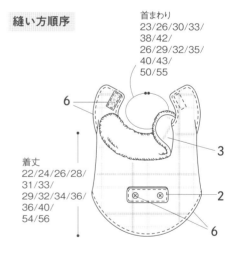

首まわり
23/26/30/33/38/42/26/29/32/35/40/43/50/55

着丈
22/24/26/28/31/33/29/32/34/36/36/40/54/56

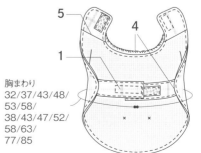

胸まわり
32/37/43/48/53/58/38/43/47/52/58/63/77/85

1. ベルトを作る

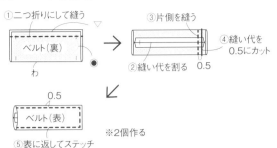

2. タブを作る

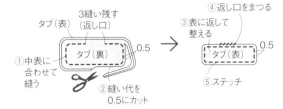

3. 衿を作る

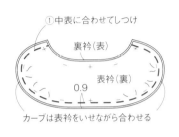
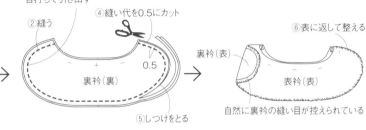

4. 背身頃に衿とベルトを仮止めする

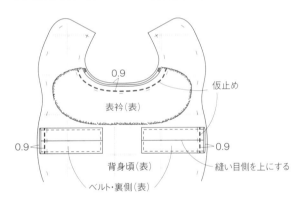

5. 裏背身頃に見返しをつける

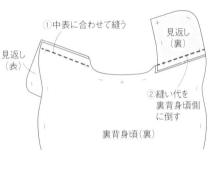

6. 背身頃と裏背身頃を縫い合わせ、面ファスナーとタブをつける

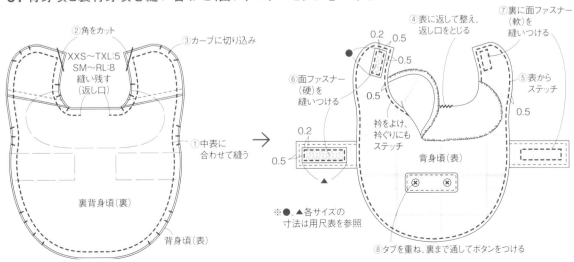

O キルティングコート

Photo P.24

実物大型紙 4面〈O〉-1背身頃、2見返し、3衿

材料
- ソフトナイロンキルト無地（オリーブ）105cm幅
- 100/2 ブロード（カーキ）109cm幅
- 接着芯
- 幅1.5cmのコーデュロイバイアステープ（モスグリーン）
- 直径1.5cmのドットボタン…2組
- 幅2.5cmの面ファスナー（こげ茶）

用尺

	XXS〜M	L/XL	TS〜TXL	SM/SL	RM/RL
ナイロンオックスキルト(105cm幅)	55cm	60cm	60cm	70cm	90cm
ブロード(109cm幅)	45cm	50cm	55cm	60cm	95cm
バイアステープ	230cm	270cm	260cm	310cm	400cm
接着芯	55×20cm	65×20cm	60×20cm	50×20cm	80×30cm
面ファスナー	13.5cm	15.5cm	15cm	19.5cm	25cm

<カット寸法>

	XXS	XS	S	M	L	XL	TS	TM	TL	TXL	SM	SL	RM	RL
面ファスナー●（首）	4	4.5	5	5.5	5.5	6	5	5.5	6	6.5	5	5.5	6.5	7
面ファスナー▲（ベルト）	6.5	7	7.5	8	9	9.5	7	7.5	8	8.5	13.5	14	17	18

裁ち方図

ソフトナイロンキルト無地（オリーブ）
- 見返し（2枚）
- ポケット（1枚）
- ベルト（2枚）
- 背身頃（1枚）
- 105cm幅

○=7/8/9/10/10.8/10.8/8.3/9.3/10.3/10.3/11.3/12.3/15/16
◆=6.5/7.5/8.5/9.5/10/10/8.2/9.2/10/10/12/13/15/16
●=8/10/10/10/12/12/11/12/12/12/14/14/19/19
▽=9.7/10.5/11.4/12/14/14.8/10.7/11.7/12.2/12.8/20.5/21.2/24/25
▲=7.4/8.4/9.4/10.4/11.4/11.4/8.8/9.8/10.8/10.8/11.8/12.8/15.8/16.8
◇=6.8/7.4/8/8.5/9.5/9.5/8.4/9/9.6/9.6/12.2/12.2/14.6/15.6

100/2ブロード（カーキ）
- フラップ（1枚）
- 表衿（1枚）
- 裏衿（1枚）
- 裏背身頃（1枚）
- 109cm幅

※○の中の数字は縫い代。それ以外の縫い代は1cm
※▨ は裏に接着芯を貼る
※〰 は端を始末する
※数字は左から用尺表と同様の順
※▦ 各サイズの布の使用量は用尺表を参照

準備
表衿、フラップに接着芯を貼る。キルティングの生地を使うパーツは、ほつれないよう端を始末する（裁ち方図参照）。

縫い方順序

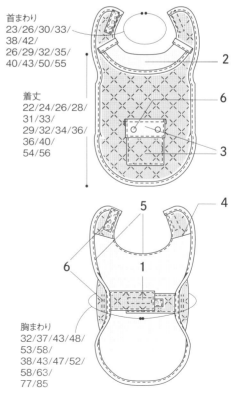

首まわり 23/26/30/33/38/42/26/29/32/35/40/43/50/55

着丈 22/24/26/28/31/33/29/32/34/36/36/40/54/56

胸まわり 32/37/43/48/53/58/38/43/47/52/58/63/77/85

1. ベルトを作る (P.77の 1 参照)
2. 衿を作る

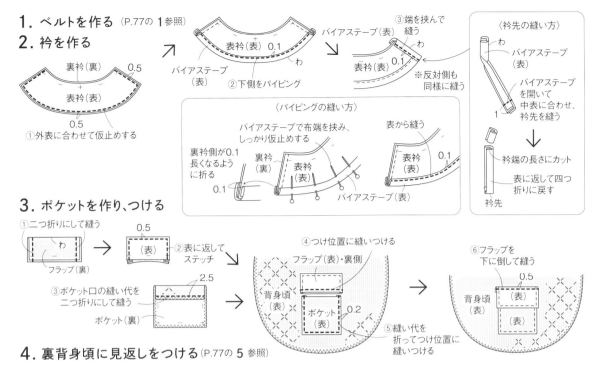

3. ポケットを作り、つける

4. 裏背身頃に見返しをつける (P.77の 5 参照)

5. 背身頃に衿を仮止めし、裏背身頃と縫い合わせる

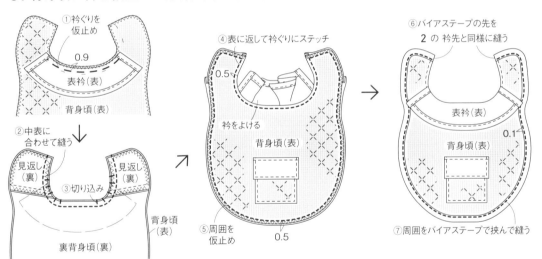

6. ベルトをつけ、面ファスナーとドットボタンをつける

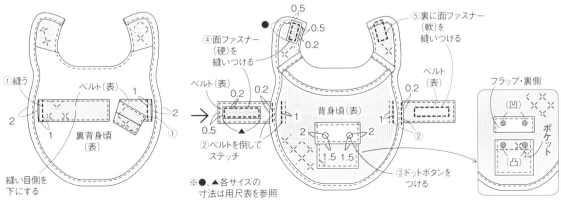

P ピーコート

Photo P.26

実物大型紙 1面〈P〉-1 腹身頃、4 見返し、5 衿、6 フラップ、7 袖タブ
3面〈P〉-2 背身頃、3 袖

材料
- スーパーマイクロフリース（紺）147cm幅
- コットン生地（ストライプ）
- 接着芯
- ボタン　XXS～XL／TS～TXL…8個、SM～RL…10個
- 幅2.5cmの面ファスナー（紺）
- 幅1cmのニット用伸び止めテープ

用尺

	XXS～M	L～XL	TS～TXL	SM～SL	RM～RL
フリース（147cm幅）	45cm	55cm	55cm	70cm	120cm
コットン生地	30×30cm	30×30cm	30×30cm	35×35cm	40×40cm
接着芯	70×40cm	80×50cm	80×45cm	80×55cm	100×70cm
伸び止めテープ	25cm	30cm	35cm	35cm	45cm

	XXS	XS	S	M	L	XL	TS	TM	TL	TXL	SM	SL	RM	RL
ボタンの大きさ（直径）	1.3	1.3	1.5	1.5	1.8	1.8	1.8	1.8	1.8	1.8	1.8	1.8	2	2
面ファスナー（カット寸法）	9.3	10.8	10.8	10.8	18	18	15	18	18	18	28	28	30.4	30.4

※面ファスナーはXXS～TXLは3等分、SM～RLは4等分する

裁ち方図

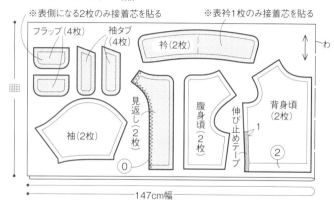

スーパーマイクロフリース（紺）

コットン生地（ストライプ）
衿ぐりバイアス布（1枚）
2.5　45°

◉＝18.7/20.2/21.8/23.3/25.6/27.7/
19.7/21.2/22.7/24.2/30.8/32.7/32/34.7

※○の中の数字は縫い代。それ以外の縫い代は1cm
※□は裏に接着芯を貼る
※▨は裏に伸び止めテープを貼る
※～～は端を始末する
※数字は左から用尺表と同様の順
※▦ 各サイズの布の使用量は用尺表を参照
※ニット地で作る場合は、袖下や脇などの縫い代をほつれないよう始末する

準備

見返し、表衿、袖タブ、表側になるフラップに接着芯を貼る。
背身頃の脇に伸び止めテープを貼る。
見返しの肩と端を始末する（裁ち方図参照）。

縫い方順序

首まわり
22/25/28/31/
36/40/
24/27/30/33/
39/42/
48/53

着丈（衿下から）
16.5/18.5/
20.5/22.5/
25/27/
24/27/29/31/
32/36/
46/50

胸まわり
33/38/44/49/
55/60/
40/44/48/53/
61/66/
82/90

1. フラップと袖タブを作る

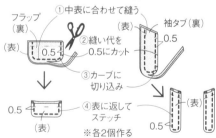

2. 腹身頃に見返しをつける

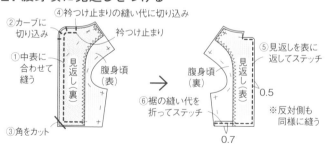

3. 袖を作る

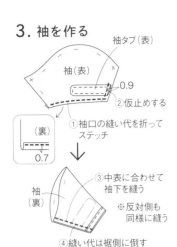

4. フラップをつけ、背身頃の背中心を縫う

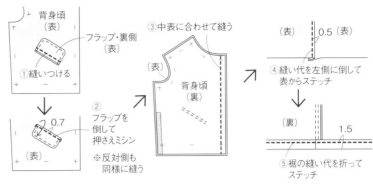

5. 肩を縫う

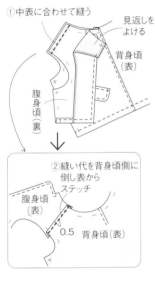

6. 衿を作る （P.49の6-1〜3参照）
※ただし、衿のステッチは端から0.5

7. 衿をつける

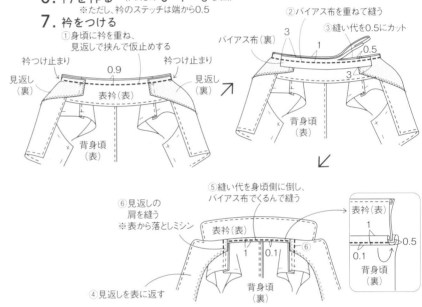

8. 脇を縫う

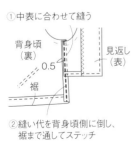

9. 袖をつける

△=3.5/4/4.5/5/5.5/6/
4/4.5/5/5.5/
5/5.5/6.5/7
○=7/7.5/8/8.5/
9/10/7/7.5/8/8.5/
11/11.5/15.5/16.5

10. 面ファスナーとボタンをつける

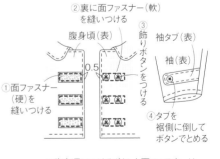

※腹身頃につけるボタンと面ファスナーは
XXS〜TXLはボタン6個、面ファスナー3枚、
SM〜RLはボタン8個、面ファスナー4枚つける

81

Q ケープ

Photo P.28

実物大型紙 1面〈Q〉-1身頃、2表衿、3裏衿、4タブ

材料
- オーガニックファー（白）120cm幅
- 100/2ブロード（オフホワイト）109cm幅
- 面ファスナー（白）
- 毛糸（オフホワイト）…適宜
- 厚紙…適宜

用尺

	XXS	XS	S	M	L
ファー（120cm幅）	30cm	30cm	35cm	40cm	75cm
ブロード（109cm幅）	30cm	30cm	35cm	40cm	75cm
面ファスナー	1.5×3cm	2×3.5cm	2×3.5cm	2.5×4.5cm	2.5×5cm

裁ち方図

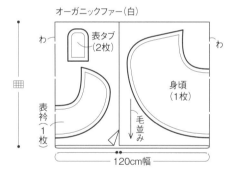

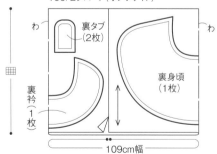

※縫い代は1cm
※数字は左から用尺表と同様の順
※ ▦ 各サイズの布の使用量は用尺表を参照

縫い方順序

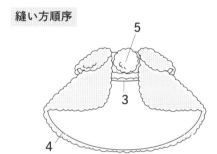

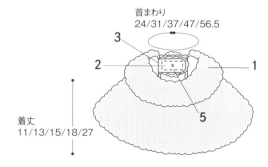

首まわり 24/31/37/47/56.5
着丈 11/13/15/18/27

※サイズは首まわりで選ぶ

1. 衿を作る

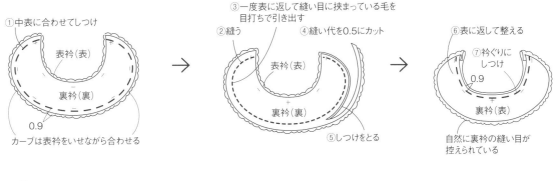

2. タブを作る

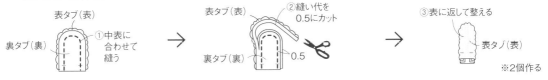

3. 身頃に衿とタブを仮止めする

4. 身頃と裏身頃を縫い合わせる

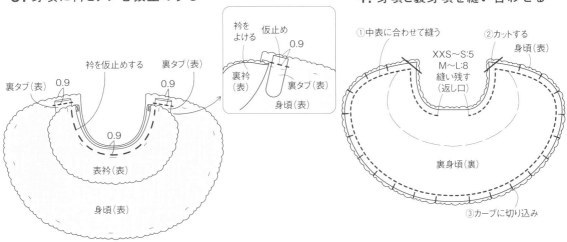

5. 表に返し、面ファスナーとポンポンをつける

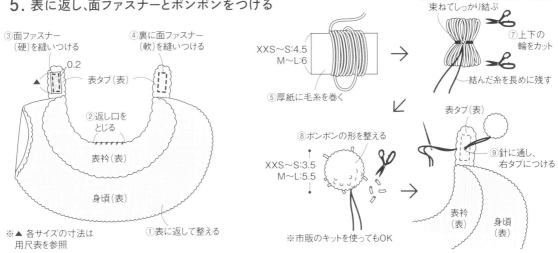

T プリーツワンピコート

Photo P.31

実物大型紙 4面〈T〉-1 背身頃、2 見返し、3 表衿、4 裏衿

材料
- コットンツイル（ブラウン）110cm幅
- T/Rタータンチェック145cm幅
- コットン生地（茶色）110cm幅
- 接着芯
- 幅2.5cmの面ファスナー（こげ茶）
- ワッペン…1枚

用尺

	XXS〜M	L/XL	TS〜TXL	SM/SL	RM/RL
コットンツイル（110cm幅）	50cm	60cm	60cm	70cm	90cm
タータンチェック（145cm幅）	20cm	25cm	25cm	30cm	45cm
コットン生地（110cm幅）	45cm	50cm	55cm	60cm	80cm
接着芯	45×40cm	50×45cm	55×40cm	60×55cm	70×65cm
面ファスナー	13.5cm	15.5cm	15cm	19.5cm	25cm

<カット寸法>

	XXS	XS	S	M	L	XL	TS	TM	TL	TXL	SM	SL	RM	RL
面ファスナー●（首）	4	4.5	5	5.5	5.5	6	5	5.5	6	6.5	5	5.5	6.5	7
面ファスナー▲（ベルト）	6.5	7	7.5	8	9	9.5	7	7.5	8	8.5	13.5	14	17	18

準備
見返し、ベルト、表衿に接着芯を貼る（裁ち方図参照）。

裁ち方図

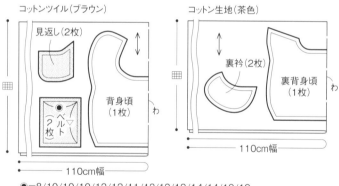

◉=8/10/10/10/12/12/11/12/12/12/14/14/19/19
▽=9.7/10.5/11.4/12/14/14.8/10.7/11.7/12.2/12.8/20.5/21.2/24/25

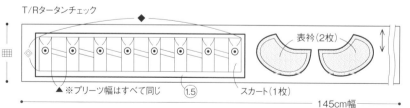

◇=7.6/8.3/9/9.7/10/10.5/11.5/12.5/13/13.5/11.5/13/18.3/19
◆=41/51.2/55.2/58.4/70/73/52.8/56/58.4/61.6/80.5/83.8/94.4/99.2
⊙=2.5/2.9/3.4/3.8/3.4/3.7/3.1/3.5/3.8/4.2/3/3.3/4.2/4.6
▲=3/4/4/4/4/4/4/4/4/4/4/4/4/4

※○の中の数字は縫い代。それ以外の縫い代は1cm
※▦は裏に接着芯を貼る
※プリーツの数はサイズによって異なる
※数字は左から用尺表と同様の順
※▦ 各サイズの布の使用量は用尺表を参照

縫い方順序

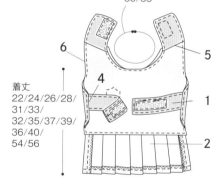

首まわり
23/26/30/33/
38/42/
26/29/32/35/
40/43/
50/55

着丈
22/24/26/28/
31/33/
32/35/37/39/
36/40/
54/56

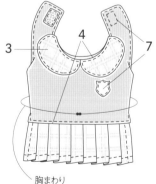

胸まわり
32/37/43/48/53/58/
38/43/47/52/
58/63/77/85

1. ベルトを作る（P.77の 1 参照）
2. スカートを作る

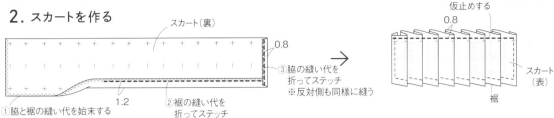

3. 衿を作る

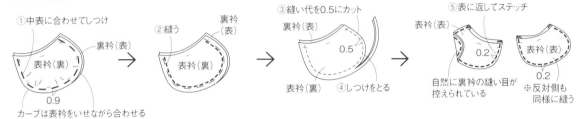

4. 背身頃に衿、ベルト、スカートを仮止めする
5. 裏身頃に見返しをつける（P.77の 5 参照）
6. 身頃と裏身頃を縫い合わる

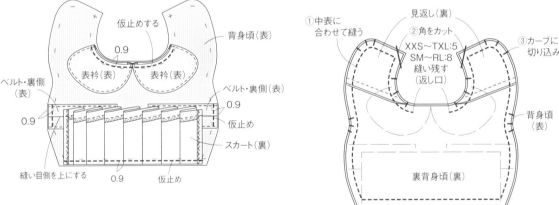

7. 表に返し、面ファスナーとワッペンをつける

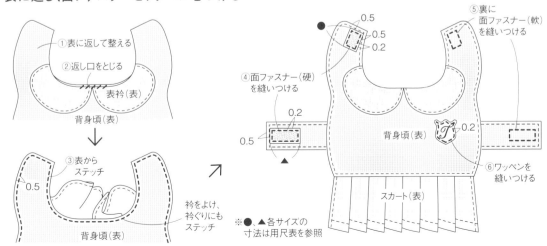

※ ●、▲各サイズの寸法は用尺表を参照

S レインコート

Photo P.30

実物大型紙　4面〈S〉-1背身頃、2フード、3見返し、4タブ、5ベルト、6リード穴

材料
- ナイロン生地 クーパー（青）117cm幅
- 接着芯
- 幅1cm 反射テープ（シルバー）
- 幅3cm 反射テープ（シルバー）
- 幅1cmの撥水ナイロンバイアステープ（青）
- 幅2.5cmの面ファスナー（黒）

用尺

	XXS〜M	L/XL	TS〜TXL	SM/SL	RM/RL
ナイロン生地(117cm幅)	55cm	70cm	75cm	80cm	130cm
接着芯	6×8cm	6×8cm	6×8cm	6×10cm	6×10cm
バイアステープ	430cm	485cm	485cm	540cm	745cm
反射テープ1幅	50cm	55cm	55cm	65cm	75cm
反射テープ3幅	30cm	35cm	40cm	45cm	45cm
面ファスナー	16cm	18cm	17cm	33.5cm	43cm

＜カット寸法＞

	XXS	XS	S	M	L	XL	TS	TM	TL	TXL	SM	SL	RM	RL
面ファスナー●（首）	4	4.5	5	5	5.5	5.5	5	5	5.5	5.5	6.5	6.5	9	9
面ファスナー▲（ベルト）	7	8	9	10	11.5	12	9	9.5	10.5	11.5	12.5	13.5	15.5	17

※SM〜RLサイズはベルト用の面ファスナーは上記の長さを2枚用意する

裁ち方図

○＝XXS〜TXL/2.5 SM〜RL/3
◆＝30.1/35.1/40.1/42.1/46/47/38.4/40.8/43.2/44.2/55.6/57.6/65.1/67.1

※○の中の数字は縫い代。それ以外の縫い代は1cm　※□は裏に接着芯を貼る
※～～は端を始末する　※数字は左から用尺表と同様の順
※⊞各サイズの布の使用量は用尺表を参照

準備　リード穴に接着芯を貼り、端を始末する（裁ち方図参照）。

縫い方順序

首まわり
23.9/26.8/30.8/33.8/39/43/
28/31/34/36.8/
40.7/43.6/51.5/56.5

胸まわり
32/37/43/48/53/58/
38/43/47/52/
58/63/77/85

着丈
23/25/27/29/32/34/
31/34/36/38/
39/43/60/62

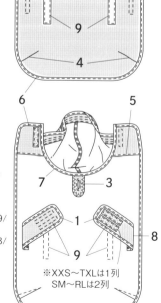

1. タブとベルトを作る

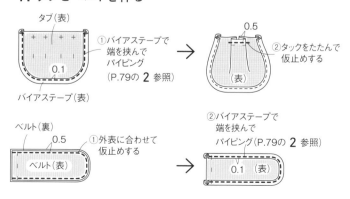

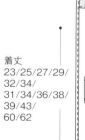

※XXS〜TXLは1列
SM〜RLは2列

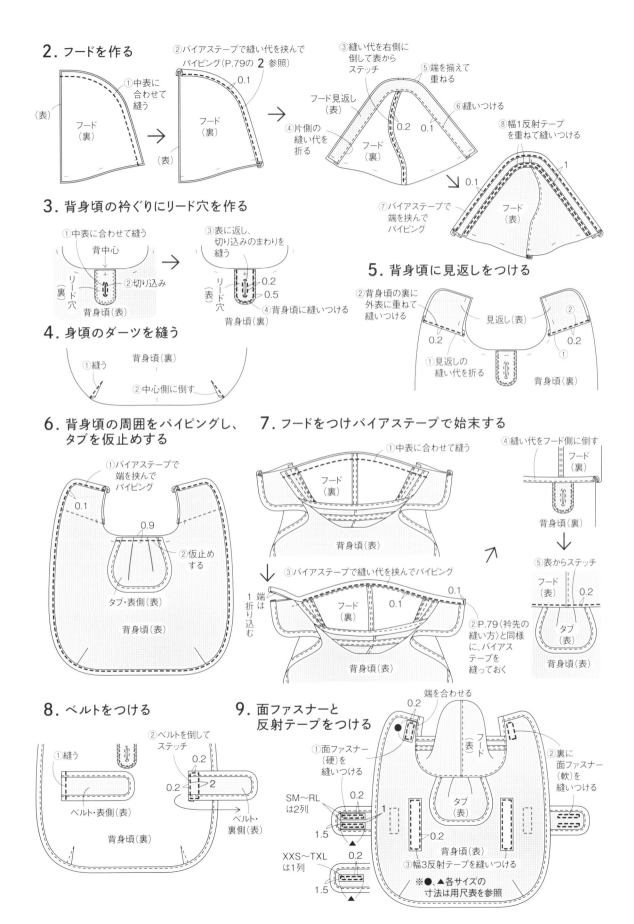

R ちゃんちゃんこ

Photo P.29

実物大型紙 1面〈R〉-1 腹身頃、2 背身頃

材料
- 雪柄キルトジャガードニット 115cm幅
- 100/2ブロード（ネイビー）109cm幅
- 接着キルト芯　125cm幅

用尺

	XXS〜M	L/XL	TS〜TXL	SM/SL	RM/RL
ジャガードニット（115cm幅）	40cm	45cm	50cm	55cm	130cm
ブロード（109cm幅）	80cm	90cm	90cm	115cm	130cm
キルト芯（125cm幅）	80cm	90cm	90cm	115cm	130cm

裁ち方図

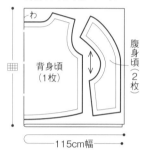

準備 接着キルト芯は、粗裁ちしたものを貼ってから型紙通りに裁断する

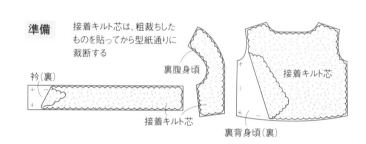

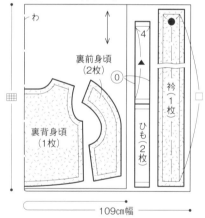

▲=21/23/23/23/
25/25/
23/23/25/25/
25/25/
25/25

●=3/4/4/4/
4/4/
4/4/4/4/
5/5/
6/6

□=55.8/61/68/73.2/
78/83.1/
69.1/73.4/77.8/82.1/
99.6/106.3/
118.5/125

※○の中の数字は縫い代。それ以外の縫い代は1cm
※ ▨は裏にキルト芯を仮止めする
※ 数字は左から用尺表と同様の順
※ ▦各サイズの布の使用量は用尺表を参照

縫い方順序

首まわり
13.6/15/18.2/19.7/
21.7/23.1/
16.7/18.3/19.8/21.4/
30.3/31.7/
33/34.7

着丈
20.5/23/25/27/
30/32/
30/32/34/36/
37/41/
51/55

胸まわり
34/40/46/51/
57/62/
41/46/50/55/
65/70/
90/98

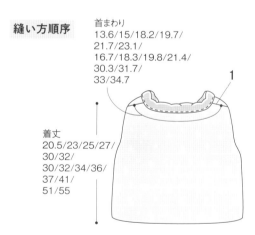

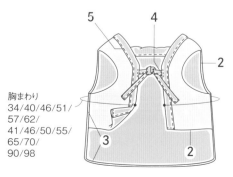

1. 肩を縫う

2. 身頃と裏身頃を合わせて袖ぐりと前裾を縫う

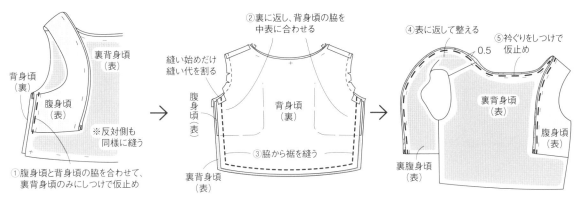

3. 背身頃と裏背身頃で腹身頃を挟んで脇から裾を縫う

4. 紐を作り、仮止めする

5. 衿をつける

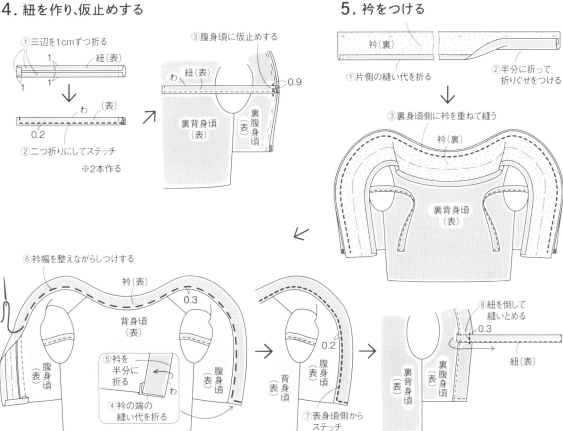

U, V つけ衿

Photo P.32

実物大型紙 2面〈U〉-1台衿、2表衿、3裏衿、4蝶ネクタイ
2面〈V〉-1台衿、2表衿、3裏衿

材料
〈U〉蝶ネクタイ
・広幅カラーブロード（オフ白）110cm幅
・水玉ブロード（紺）110cm幅
・接着芯
・幅2.5cmの面ファスナー（白）
〈V〉フリル
・ブロードストライプ（ピンク）110cm幅
・接着芯
・幅2.5cmの面ファスナー（白）

用尺

〈U〉	XXS	XS	S	M	L
カラーブロード(110cm幅)	30cm	35cm	40cm	40cm	50cm
水玉ブロード(110cm幅)	30cm	30cm	35cm	35cm	45cm
接着芯	40×20cm	40×25cm	40×30cm	40×35cm	40×40cm
面ファスナー	1.5×8cm	2×9cm	2×10cm	2.5×11cm	2.5×13cm

〈V〉	XXS	XS	S	M	L
ブロード(110cm幅)	30cm	35cm	40cm	40cm	50cm
接着芯	45×20cm	50×25cm	55×30cm	70×35cm	80×40cm
面ファスナー	1.5×8cm	2×9cm	2×10cm	2.5×11cm	2.5×13cm

裁ち方図

〈U〉
広幅カラーブロード（オフ白）

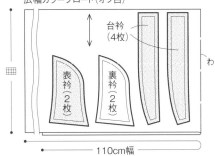

水玉ブロード（紺）

※○の中の数字は縫い代。それ以外の縫い代は0.5cm
※▨は裏に接着芯を貼る
※数字は左から用尺表と同様の順
※▦ 各サイズの布の使用量は用尺表を参照

● = 6.6/7/7/7.2/7.8
◆ = 2/2.4/2.4/3/3
▽ = 15/20/24.5/30/35.5

〈V〉
ブロードストライプ（ピンク）

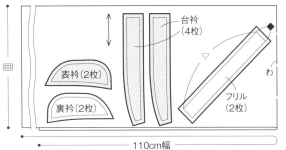

準備 表衿、台衿に接着芯を貼る（裁ち方図参照）。

縫い方順序

〈U〉

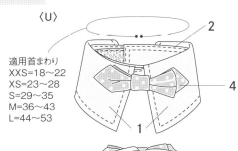

適用首まわり
XXS=18〜22
XS=23〜28
S=29〜35
M=36〜43
L=44〜53

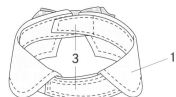

〈V〉

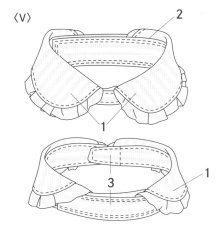

1. 衿を作る

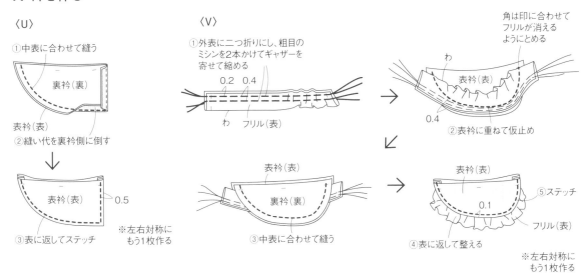

2. 衿を挟んで台衿を作る

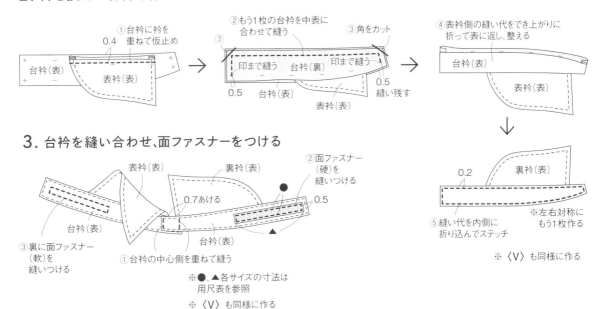

3. 台衿を縫い合わせ、面ファスナーをつける

〈U〉のみ
4. 蝶ネクタイを作りつける

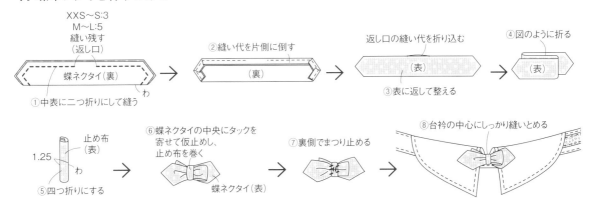

W バンダナ

Photo P.33

実物大型紙　4面〈W〉-1本体

材料
〈花柄〉
・リバティプリント 国産タナローン生地＜Eloise＞110cm幅
〈水玉〉
・ブロード（水玉柄）110cm幅
〈ストライプ×デニム〉
・ブロード（ストライプ）110cm幅
・4.5オンス ムラ糸デニム110cm幅

用尺

〈花柄〉〈水玉〉	S	M	L
表地（110cm幅）	25cm	45cm	60cm

〈ストライプ×デニム〉	S	M	L
ブロード（110cm幅）	45×45cm	55×55cm	65×65cm
デニム（110cm幅）	25cm	30cm	35cm

裁ち方図

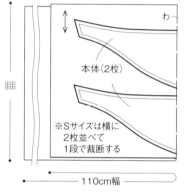
〈花柄〉〈水玉〉
リバティプリント 国産タナローン生地＜Eloise＞
ブロード（水玉柄）
本体（2枚）
※Sサイズは横に2枚並べて1段で裁断する
110cm幅

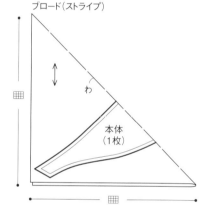
〈ストライプ×デニム〉
4.5オンス ムラ糸デニム
本体（1枚）
110cm幅

ブロード（ストライプ）
本体（1枚）

※縫い代は1cm
※ ▦ 各サイズの布の使用量は用尺表を参照

縫い方順序

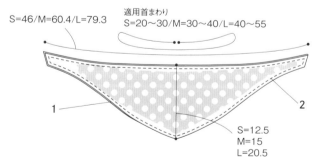
S=46/M=60.4/L=79.3
適用首まわり S=20〜30/M=30〜40/L=40〜55
S=12.5 M=15 L=20.5

1. 中表に合わせて縫う

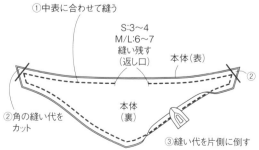
①中表に合わせて縫う
S:3〜4 M/L:6〜7 縫い残す（返し口）
本体（表）
本体（裏）
②角の縫い代をカット
③縫い代を片側に倒す

2. 表に返してステッチ

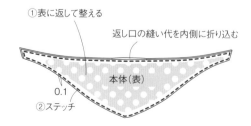
①表に返して整える
返し口の縫い代を内側に折り込む
本体（表）
0.1
②ステッチ

Y　たれ耳帽子

Photo P.35

実物大型紙　4面〈Y〉-1フード、2天井布、3耳

材料
- フレアースムース起毛（ラズベリー）155cm幅
- スムース（紺）150cm幅
- 面ファスナー（ピンク）
- 毛糸（ネイビー）…適宜

用尺

	XXS	XS	S	M	L
フレアースムース（155cm幅）	25cm	30cm	35cm	35cm	45cm
スムース（150cm幅）	25cm	30cm	35cm	35cm	45cm
面ファスナー	1.5×3cm	1.5×3.5cm	2.5×4.5cm	2.5×6cm	2.5×6cm

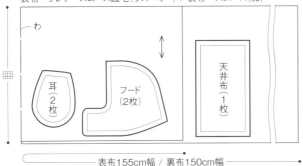

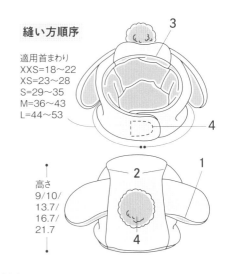

適用首まわり
XXS=18〜22
XS=23〜28
S=29〜35
M=36〜43
L=44〜53

高さ
9／10／13.7／16.7／21.7

※縫い代は1cm　※数字は左または上から用尺表と同様の順
※ ▦ 各サイズの布の使用量は用尺表を参照

1. 耳を作る

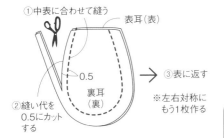

2. フードと天井布を縫う

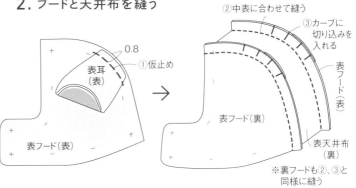

3. 表フードと裏フードを縫う

4. 表に返し、面ファスナーとポンポンをつける

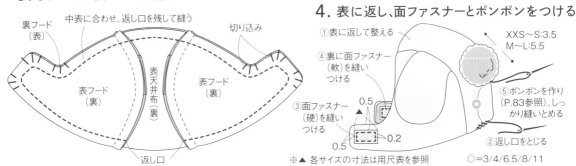

◎＝3／4／6.5／8／11

X カフェマット

Photo P.34

材料
- コットンプリント14種類…各20×20cm
- コットン生地…70×55cm
- 接着キルト芯…70×55cm
- 1.5cm幅コーデュロイバイアステープ(紺)…220cm

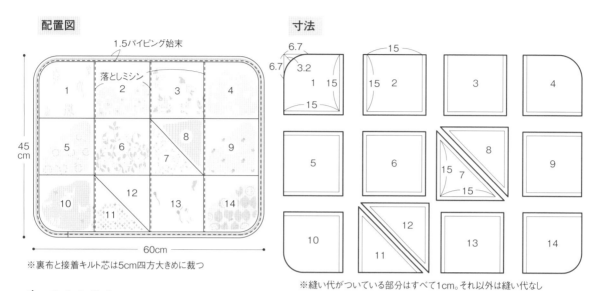

※縫い代がついている部分はすべて1cm。それ以外は縫い代なし

1. 表布を作る

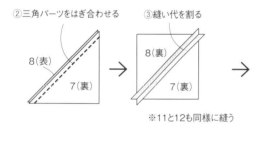

2. 表布の裏に接着キルト芯と裏布をつける

3. 周囲をパイピング始末する

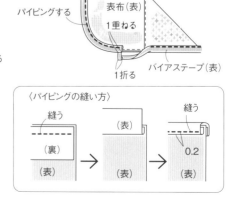

Z マナーポーチ

Photo P.35

材料
- リバティプリント 国産つや消しラミネート＜Farmyard Tails＞…105cm幅×40cm
- 消臭シート セミア®…105cm幅×20cm
- バネ口金（幅15×高さ1.5cm）…1個
- 内径1.5cmのナスカン…2個

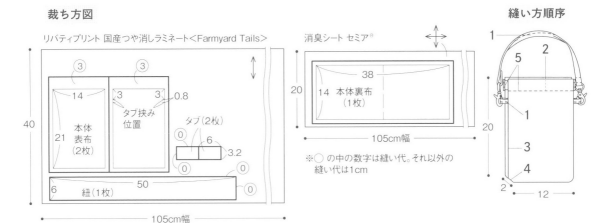

1. 紐とタブを作る

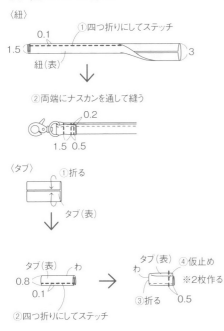

2. 本体表布と本体裏布を縫う

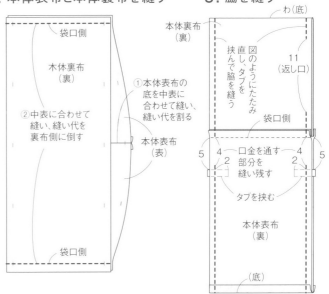

3. 脇を縫う

4. まちを縫う

表布も同様に縫い、返し口から表に返して返し口をとじる

5. 袋口を縫い、口金をつける

金子俊雄

千葉県出身。日本洋服専門学校裁断科卒業後、松屋銀座の注文紳士服のアトリエで縫製技術を習得。(株)ハーバードを経て、(株)ワールドでタケオキクチなどのパターンと技術を担当する。2001年に(有)セリオを設立し、アパレル企業向けパターン業務と型紙ショップ「洋服の型紙屋さんフルール」を運営。著書『オールシーズンのメンズ服』『本格メンズ服』小社刊。

(有)セリオ
http://seriopattern.web.fc2.com/
洋服の型紙屋さん　フルール
https://www.katagami-fleur.com/

スタッフ

撮影
白井由香里

デザイン
アベユキコ

作り方解説
しかのるーむ

型紙グレーディング
(有)セリオ

編集協力
金子エミ子
徳田なおみ

校正協力
笠原愛子

編集担当
加藤みゆ紀

小型犬から大型犬までぴったりサイズで作れる

うちの犬の服＋小物

発行日／2018年12月19日　第1刷
　　　　2025年 2月20日　第10刷
著者／金子俊雄
発行人／瀬戸信昭
編集人／今 ひろ子
発行所／株式会社日本ヴォーグ社
〒164-8705　東京都中野区弥生町5丁目6番11号
TEL／編集：03-3383-0644
　　　出版受注センター／ TEL：03-3383-0650
FAX：03-3383-0680
印刷所／大日本印刷株式会社
Printed in Japan © Toshio Kaneko 2018
NV70519 ISBN978-4-529-05867-4

用具・素材協力

クロバー
大阪府大阪市東成区中道3-15-5
TEL:06-6978-2277(お客様係)
http://www.clover.co.jp/

オカダヤ新宿アルタ　生地館
東京都新宿区新宿3-24-3 新宿アルタ(4F・5F)
TEL:03-3352-5411
http://www.okadaya-shop.jp/1/

ねこの隠れ家
https://www.tiara-cat.co.jp/

布地のお店　ソールパーノ
https://www.rakuten.co.jp/solpano/
https://store.shopping.yahoo.co.jp/solpano/

渡邊布帛工業
http://www.watanabefuhaku.co.jp/

SMILE
https://www.smilefabric.com/

slowboat
https://slowboat.info/

APUHOUSE
https://www.rakuten.ne.jp/gold/apuhouse/

デコレクションズ
https://decollections.co.jp/

maffon
https://www.maffon.com/

ノムラテーラー
京都府京都市下京区四条通麩屋町東入ル奈良物町362
TEL:075-221-4679
https://www.nomura-tailor.co.jp/

キャプテン
http://www.captain88.co.jp/

hinodeya
https://www.rakuten.co.jp/kijihinode/

ニット生地のやまのこ
https://www.rakuten.co.jp/knit-yamanokko/

メルシー
奈良県大和郡山市冠山町7-35
TEL:0743-53-6811
https://www.merci-fabric.co.jp/

撮影協力

ドッグランカフェ 加恋ちゃん家
千葉県千葉市緑区あすみが丘8-28-3
TEL:043-312-6725
http://dogrunkaren.web.fc2.com/

●本書の複製権・翻訳権・上映権・譲渡権・公衆送信権（送信可能化権を含む）は株式会社日本ヴォーグ社が保有します。
JCOPY ＜(社)出版者著作権管理機構 委託出版物＞
本書の無断複写は著作権法上での例外を除き禁じられています。複写される場合は、そのつど事前に、(社)出版者著作権管理機構(電話 03-5244-5088、FAX 03-5244-5089、e-mail: info@jcopy.or.jp)の許諾を得てください。
●万一、乱丁本、落丁本がありましたらお取り替えいたします。お買い求めの書店か小社出版受注センターへお申し出下さい。

We are grateful.
あなたに感謝しております

手作りの大好きなあなたが、この本をお選びくださいましてありがとうございます。内容はいかがでしたか？　本書が少しでもお役に立てば、こんなにうれしいことはありません。日本ヴォーグ社では、手作りを愛する方とのおつき合いを大切にし、ご要望におこたえする商品、サービスの実現を常に目標としています。小社及び出版物について、何かお気付きの点やご意見がございましたら、何なりとお申し付けください。そういうあなたに、私共は常に感謝しております。

株式会社日本ヴォーグ社社長　瀬戸信昭
FAX 03-3383-0602